HISTORIA DE LAS CARRETERAS Y DE SUS FIRMES

CONCEPTOS TEÓRICOS BÁSICOS DE LAS CARRETERAS ACTUALES

Dr. Rubén Tino Ramos

Copyright © 2016 Rubén Tino Ramos.

Todos los derechos reservados

ISBN-13: 978-1539950233

ISBN-10: 1539950239

A mis profesores y tutores, por enseñarme.
A mis jefes y superiores, por dirigirme.
A mi familia y amigos, por apoyarme.
A mis compañeros, por ayudarme.
A mis enemigos, por motivarme.

INDICE

I. BREVE HISTORIA DE LAS CARRETERAS 1
   1. INTRODUCCIÓN 1
   2. EVOLUCIÓN DE LAS CARRETERAS 3
   3. ANTECEDENTES HISTÓRICOS 5
   4. CONCEPTOS TEÓRICOS BÁSICOS 21
      4.1. Carretera 21
      4.2. Firme 23
      4.3. Mezcla bituminosa 26

II. DIMENSIONAMIENTO DEL FIRME 33
   1. PARÁMETROS FUNDAMENTALES 34
      1.1. Características de la explanada 34
      1.2. Cargas aplicadas 37
      1.3. Agentes externos 59
   2. DISEÑO ESTRUCTURAL 63
      2.1. Métodos empíricos 64
      2.2. Métodos mecanicistas 70
   3. DISEÑO DE LA MEZCLA 83
      3.1. Métodos basados en la superficie específica del árido 88
      3.2. Métodos basados en ensayos mecánicos 89

REFERENCIAS 91

I. BREVE HISTORIA DE LAS CARRETERAS

1. INTRODUCCIÓN

Las infraestructuras de transporte (Fig. 1.1) proporcionan los soportes físicos sobre los que se canalizan los flujos de movimiento tanto de personas como de mercancías.

Fig.1.1. Sistemas de transporte.

Desde la antigüedad, el modo de transporte más utilizado ha sido el terrestre, (Fig. 1.2) prevaleciendo sin duda (salvo en contadas excepciones) la carretera sobre el ferrocarril, debido a su mayor versatilidad, así como a su facilidad de desarrollo, ya que, con una inversión mucho menor, la carretera es capaz de llegar a puntos geográficos donde el ferrocarril ni siquiera puede planteárselo, ya sea por requerimientos técnicos (el trazado del ferrocarril es mucho más exigente, no permitiendo salvar grandes pendientes ni curvas de pequeño radio), por requerimientos estratégicos, o incluso por motivos comerciales (la organización de pasajeros y mercancías en trenes exige la construcción de estaciones y apeaderos entre otras instalaciones).

Fig.1.2. Transporte terrestres.

Habitualmente, la capilaridad territorial de las redes de carreteras (Fig. 1.3) ha sido mucho mayor que la del ferrocarril, lo que ha venido favorecido desde tiempos inmemoriales por el hecho de que las carreteras se han apoyado a su vez en una vasta red de caminos ya existentes que se utilizaban para el paso de animales y personas y que, desde la invención del vehículo automóvil, se han utilizado y adaptado a los requerimientos de éste.

Fig.1.3. Transporte por carretera *vs.* transporte por ferrocarril.

Las ventajas de la carretera, frente al ferrocarril, se pueden resumir en:
- Mayor versatilidad.
- Mayor permeabilidad.
- Mayor facilidad de desarrollo.
- Menor inversión.

2. EVOLUCIÓN DE LAS CARRETERAS

De esta forma, las necesidades de los antiguos caminos han variado, aumentándose significativamente las necesidades y exigencias requeridas, por lo que poco a poco la configuración de los caminos y carreteras se ha ido transformando, con nuevos materiales e instalaciones (Fig. 1.4).

Fig.1.4. Evolución de las carreteras.

Así, han evolucionado hasta las modernas autopistas y autovías de hoy en día (Fig. 1.5), con varios carriles por sentido, complejos nudos e intersecciones, modernos túneles y viaductos, señalización fija y variable, sistemas de ayudas a la navegación, etc.

Actualmente los materiales utilizados casi exclusivamente para la construcción de pavimentos de las modernas carreteras y autovías son las *mezclas bituminosas en caliente* (MBC), aunque es necesario recordar que las mezclas bituminosas en frío y los riegos asfálticos (Fig. 1.6) son aún todavía utilizados en numerosas carreteras con bajo nivel de tráfico.

Fig.1.5. Autopistas y autovías.

Añadir asimismo que existen otros materiales utilizados para la construcción de pavimentos, tales como adoquines, hormigones, etc., aunque su uso suele estar reservado casi exclusivamente a vías de carácter urbano, explanadas de aparcamientos, centros de transporte, puertos y zonas de carga y descarga en general.

Fig.1.6. Rosinos de la requejada. Zamora.

3. ANTECEDENTES HISTÓRICOS

Las carreteras, tal y como se conocen hoy en día, no han existido hasta bien entrado el siglo XX. Algunos de los actualmente considerados como métodos modernos se descubrieron ya hace algunos siglos. Así por ejemplo, en el *Tratado legal y político de caminos públicos y possadas* de FERNÁNDEZ DE MESA (1755), se habla ya del uso del alpechín del aceite como aditivo para materiales de construcción de carreteras. Se hace por tanto necesario profundizar en la historia para comprender la concepción y génesis de las carreteras actuales.

La civilización sumeria desarrolló en Mesopotamia la rueda hacia el año 3500 a.C., así que es lógico pensar que fue ese uno de los primeros lugares donde se construyeron carreteras. Sin embargo, es la Carretera Real Persa, construida durante el Imperio aqueménida, la considerada como la carretera más antigua de larga distancia. Estuvo en explotación desde el año 3500 a.C. hasta el 300 a.C.

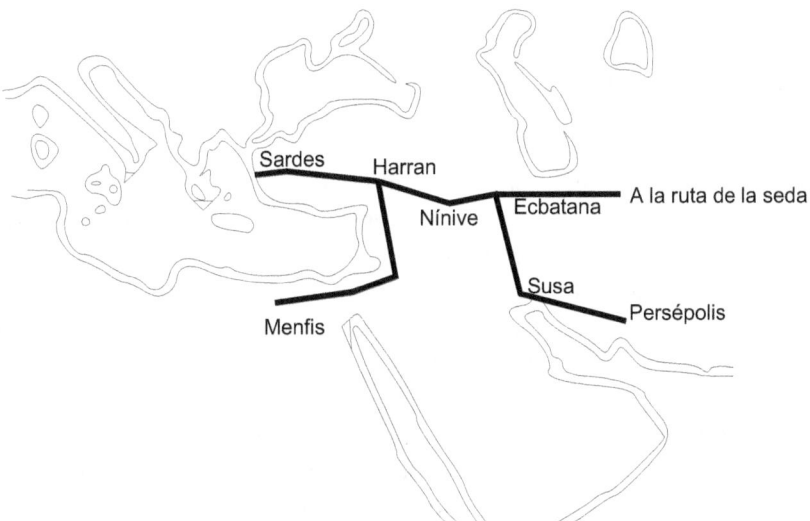

Fig.1.7. Recorrido de la carretera Real Persa.

A partir de los escritos del historiador griego Heródoto (VELÁZQUEZ, 2013), la investigación arqueológica y otras fuentes históricas, se ha podido reconstruir el recorrido del Camino Real Persa. Comenzaba en la península de Anatolia, concretamente en Sardes, a unas 60 millas al este de Izmir, y se dirigía en primer lugar al este, hacia Nínive (hoy Mosul), la antigua capital Asiria, para después tomar dirección sur hacia Babilonia (Bagdad en la actualidad). Se cree que cerca de Babilonia se dividía en dos tramos: mientras que uno de ellos se dirigiría primero hacia el noreste y posteriormente al oeste, a través de Ecbatana siguiendo la ruta de la seda, el otro continuaba hacia el este (Fig. 1.7) llegando a la capital del Imperio persa, Susa (en la actual Irán) para posteriormente dirigirse al sudeste hacia Persépolis.

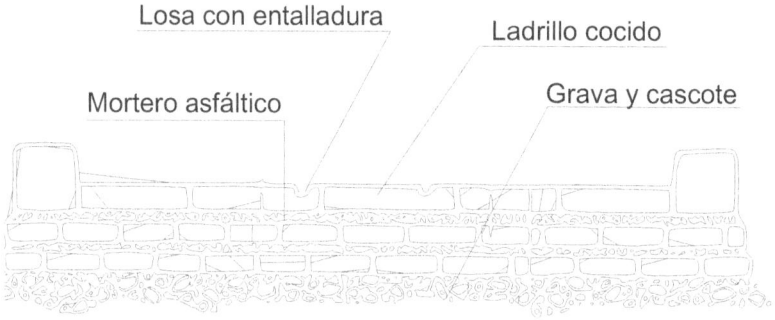

Fig.1.8. Esquema de la carretera procesional del templo de Ishtar.

También en la antigua Babilonia (alrededor del 700 a.C.), para unir palacios y templos, existía un sistema de carreteras, consideradas actualmente como las precursoras de las vías romanas, que estaban construidas a base de ladrillo cocido y piedra unidos con mortero bituminoso. En la Fig. 1.8 se puede observar un ejemplo de este tipo de carreteras (LAY y VANCE JR., 1992).

Por su parte el Imperio chino desarrolló un sistema de carreteras en torno al siglo XI a.C. Su momento de máximo esplendor fue hacia el 200 a.C. Eran carreteras amplias, bien construidas y cubiertas de piedra. Jugaron un papel análogo a las calzadas romanas en Europa y Asia menor.

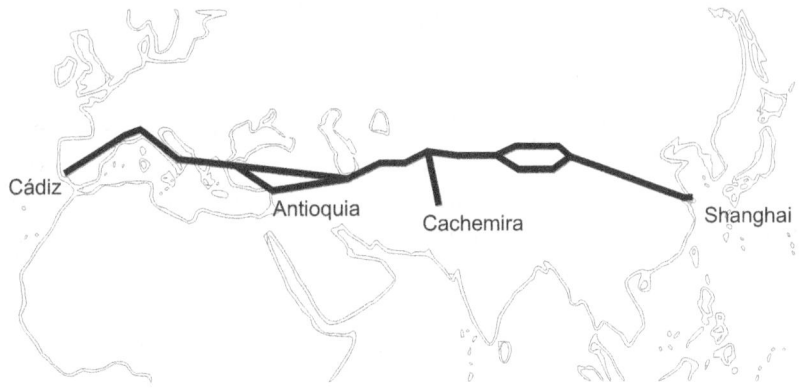

Fig.1.9. Ruta de la Seda.

La longitud de la red china era de unos 3200 km. Su conexión con la carretera Real Persa, y ésta a su vez con la red de calzadas romanas, dio lugar a la Ruta de la Seda (Fig. 1.9), que empezaba en el océano Atlántico (en la ciudad de Cádiz) y terminaba en el océano Pacífico (en la ciudad de Shanghái). Con una longitud total de 12800 km fue sin duda la ruta comercial más larga de la época (DUBS, 1957).

Fig.1.10. Caminos incas: Qhapaq Ñan.

Los Incas construyeron una avanzada red de caminos, *Qhapaq Ñan* (OLIVERA, 2006) que iban desde la ciudad de Quito (en el norte de su Imperio) hasta la ciudad de Cuzco (en el sur). Como desconocían la rueda, esta red de caminos se utilizaba exclusivamente por peatones y animales de carga (Fig. 1.10).

Existían dos rutas principales (Fig. 1.11), el camino de la costa (de unos 3600 km) y el camino de la cordillera de los Andes (de unos 2640 km), que se encontraban conectadas entre sí por diversos caminos transversales de enlace. Los caminos que constituían dicha red tenían 7.5 m de anchura y estaban constituidos por rampas suaves, lo que había obligado a la construcción de diversas galerías cortadas en rocas sólidas e incluso muros de contención, teniendo así un diseño y un trazado muy similar a los de una auténtica carretera.

Fig.1.11. Carreteras del Imperio inca.

Está documentado que los egipcios construyeron diversas vías con el objeto de transportar materiales para la construcción de sus famosas pirámides y palacios (HERÓDOTO, 450 a.C.). Se considera que la primera carretera pavimentada del mundo fue la conocida actualmente como Avenida de las Esfinges (Fig. 1.12), que conectaba entre sí los templos de Karnak y de Luxor. Los egiptólogos estiman que el camino original tenía unos 60 m de ancho y una longitud cercana a los 3 km. Se utilizaba principalmente para desfiles procesionales, estaba pavimentado en piedra y flanqueado a ambos lados por cientos de esfinges.

Fig.1.12. Avenida de las Esfinges.

Fig.1.13. Carretera Real India.

En la India también existían carreteras. Está documentado que desde el 3250 a.C. se encontraban pavimentadas las ciudades de las regiones de Baluchistan y Penjab (LAY y VANCE JR., 1992). En el siglo IV a.C. durante la dinastía Maurya, que fundó el primer gran Imperio unificado de la India, se construyó en el norte del Imperio la denominada Carretera Real, que comenzaba en las estribaciones del Himalaya (en la ciudad de

Rawalpindi) y atravesaba la región de los cinco ríos o Penjab, hasta llegar a la ciudad de Prayag (Fig. 1.13).

Fig.1.14. Caminos en Malta: el precursor del ferrocarril.

En la isla de Malta, entre el 2000 y el 1500 a.C., se construyeron carreteras que eran recorridas por carros arrastrados mediante tracción humana (Fig. 1.14). Su construcción era cuanto menos curiosa, y de alguna forma fueron las precursoras de los actuales ferrocarriles, ya que estaban formadas por un único carril con dos acanaladuras o muescas en V cortadas en la arenisca sobre las que circulaban encajadas las ruedas (ZAMMIT, 1928). Este tipo de carreteras también se desarrolló en Grecia, a partir del año 800 a.C. con fines religiosos.

Fig.1.15. Carretera de Creta.

En la isla de Creta, durante la civilización minoica, que se extendió entre el año 3000 y el 1100 a.C., existieron algunas carreteras constituidas por firmes cuya parte central estaba construida con dos filas de placas de basalto de 5 cm de espesor (HUMPHREY, 2006). Eran carreteras con cierta anchura (3.6 m), siendo la más importante la que iba desde la ciudad de Gortyna a la ciudad de Knossos (Fig. 1.15).

Sin lugar a dudas, unos de los grandes impulsores de la evolución de las carreteras en la antigüedad fueron los romanos, que construyeron una extensa red de carreteras conocidas como vías romanas (Fig. 1.16), de las cuales aún quedan bastantes vestigios, e incluso se ha conservado hasta nuestro días algún pequeño tramo. Las más antiguas son la vía Apia (construida sobre el año 312 a.C.) y la vía Flaminia (construida hacia el 220 a.C.). De esta época data también la mayor parte de la red de la península italiana: vía Aurelia (241 a.C.), vía Postumia (148 a.C.) y vía Emilia Scauri (109 a.C.). También existían algunas vías que unían la red de vías romanas italiana con el resto de provincias romanas. Así, por ejemplo, la vía Domitia (118 a.C.) llegaba hasta la Galia Narbonesa y la vía Egnatia (146 a.C.) llegaba hasta los Balcanes.

Al mismo tiempo que la civilización romana se extendió por Europa, la red viaria romana se fue ampliando, llegando a su periodo de máximo apogeo durante la época del Imperio romano, en la que la red de vías romanas se extendía por toda la cuenca mediterránea, así como por gran parte de Europa.

De este modo, la vía Claudia Julia Augusta en Italia (13 a.C.) y la vía Augusta (8 a.C.) se construyeron durante la época de Agusto, mientras que la red africana de vías se realizó durante la época de Tiberio. Por su parte, Trajano potenció la red balcánica y Adriano impulsó la construcción de la red británica. Así, en el momento de máximo esplendor del Imperio romano existía una red constituida por 29 calzadas romanas de unos 100000 km de longitud total.

Las calzadas partían de la ciudad de Roma y cubrían todas las provincias importantes conquistadas, teniendo cualquier persona, según la ley romana, derecho a utilizarlas. Sin embargo, el mantenimiento de las calzadas se realizaba por los habitantes del distrito por el que discurría, por lo que cuando el Imperio romano cayó, su red de caminos fue abandonada. Sin embargo, la superior calidad de la estructura y de sus firmes con respecto a las de otras vías y carreteras de la antigüedad han permitido que varios tramos de las vías romanas perduren en la actualidad.

Todavía queda mucho por investigar y por descubrir de las vías romanas, tanto de su historia como de su organización (Fig. 1.17). Se sabe, por ejemplo, que las personas que utilizaban estas vías de comunicación dividían su viaje en etapas y que dichas etapas o distancias estaban delimitadas por mojones o millares (los Romanos contaban en millas y no en kilómetros, siendo para ellos cada milla la distancia equivalente a mil pasos romanos, y a su vez cada paso romano aproximadamente el doble que el paso actual). Aún hoy en día pueden verse mojones millares en los trazados de la mayoría de las vías, como por ejemplo los localizados en las vías Augusta, Julia Augusta, Postumia, y Egnatia.

Fig.1.16. Mapa de las calzadas romanas en Hispania en tiempos del emperador Adriano.

Las investigaciones arqueológicas que se están llevando a cabo en casi toda Europa permitirán avanzar aún más en el conocimiento de las vías romanas. Así por ejemplo, MORENO (2006) afirma, en contra de la corriente oficial, que la Vía de la Plata no era una calzada romana sino que su trazado coincide con lo que fue la Cañada Real de la Vizana, sin ningún tipo de estructura viaria romana.

Fig.1.17. Vía Latina en Roma.

El firme de las calzadas romanas estaba compuesto según COLLINS y HART (1936) por cuatro capas básicas:

- *Summa crusta o summun dorsum*. Enlosetado compuesto de bloques lisos y poligonales que conforman la capa más superior del firme conocida como pavimento.
- *Nucleus*. Capa integrada por grava, piedra machacada y arena ligada con mortero de cal, y que constituía lo que en una sección de firme actual se denomina base.
- *Rudus*. Capa situada debajo del *nucleus* y compuesta por piedras más pequeñas, procedentes del detritus de las canteras y también ligadas con mortero de cal.
- *Statumen*. Capa más inferior, compuesta por dos o tres niveles de piedras planas fijados con mortero de cal. Se colocaba bien directamente sobre el terreno natural, bien sobre un pequeño lecho de material de limpieza compuesto por arena y/o mortero.

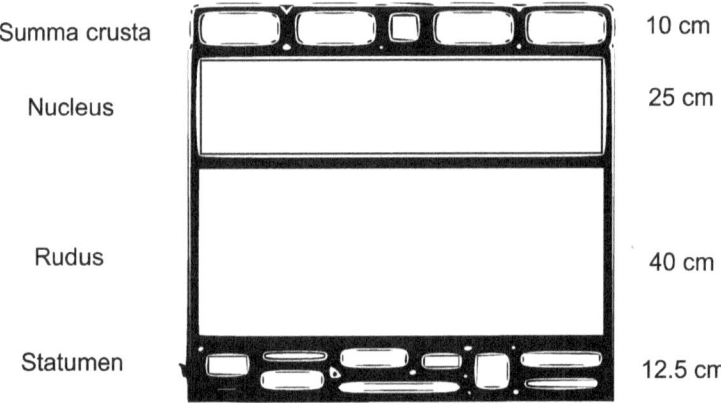

Fig.1.18. Esquema de una calzada romana cerca de Radstock, Inglaterra.

Como puede apreciarse en la Fig. 1.18 los firmes romanos eran gruesos, con espesores totales que oscilaban entre los 80 y 150 cm, formando un conjunto bastante resistente.

Fig.1.19. Puente derruido sobre el Duero. Constituía el acceso sur a la ciudad de Zamora a través de la vía de la Plata. De origen incierto, romano para unos y medieval para otros, no se ha determinado con exactitud hasta que fecha estuvo en pie: s. X-XII.

La valoración económica actualizada de la construcción de la vía Apia, según estimaciones de ROSE (1935) y LEGER (1875) es de un coste medio de dos millones de euros por kilómetro de calzada. Comparativamente el coste medio de una autovía actual con dos carriles por calzada ronda los tres millones de euros por kilómetro, bajando hasta dos millones de euros en los casos más favorables de orografía llana y sin riesgos geológico-geotécnicos, y elevándose hasta los ocho millones y medio en el caso de orografía muy accidentada y suelos con potenciales riesgos geológico-geotécnicos (MINISTERIO DE FOMENTO, 2010).

Debido a la caída de las grandes civilizaciones (romana en Europa, china y maurya en Asia e inca en América del Sur) las carreteras cayeron en un total abandono, ya que no se realizaba ni tan siquiera un mínimo mantenimiento, por lo que muchas se arruinaron (Fig. 1.19).

Durante el siglo XIII se tiene conocimiento del desarrollo de un cierto interés por el comercio por tierra, que llevó a restaurar el comercio con China gracias a la ruta que utilizó Marco Polo y a la labor puntual de monasterios y señoríos feudales de mantener algunos tramos, bien por propio beneficio, bien para explotarlos comercialmente mediante el cobro de aranceles y derechos de paso.

La pavimentación de calles no llegó hasta bien entrado el siglo XVI, época de la que data el documento técnico más antiguo conocido sobre la construcción de carreteras: una ordenanza municipal de 1554 de los condados unidos de Julich y Berg (en la baja Renania-Westfalia), en la que se normaliza la reparación de los caminos de los condados con piedras, maderas y otros materiales disponibles en las proximidades.
Fue necesario esperar hasta el siglo XVIII para que en Francia se creara la primera escuela de ingeniería del mundo y se comenzase una tradición que perdura hasta nuestros días: la inclusión en los presupuestos del Estado de una partida específica para gastos de conservación de carreteras.

Los primeros firmes modernos se pueden atribuir a dos ingenieros escoceses, John McAdam y Thomas Telford, coetáneos, que desarrollaron e impulsaron las técnicas modernas de firmes a finales del siglo XVIII y comienzos del siglo XIX. El sistema de Telford (Figs. 1.20 y 1.21) consistía en cavar una zanja e instalar cimientos de roca pesada (SMILES, 1904). Los cimientos se levantaban en el centro de la carretera para que tuviera la suficiente inclinación hacia los laterales y permitiese el desagüe.

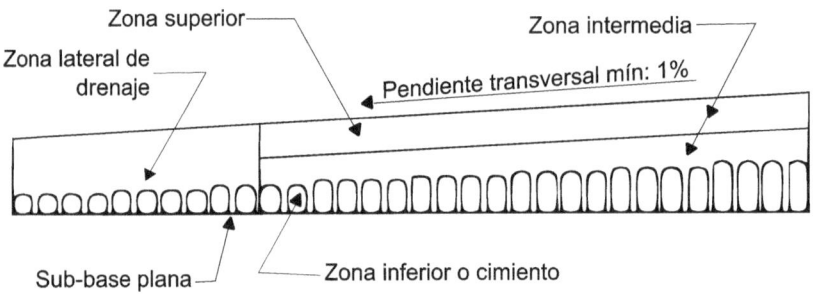

Fig.1.20. Sección de firme de Telford.

La sección del firme de Telford tenía un espesor total de entre 35 y 45 cm que se distribuía en tres zonas diferenciadas (COLLINS y HART, 1936):

- Zona inferior o cimiento, constituida por árido grueso (tamaño máximo hasta 100 mm) y de espesor entre 7.5 y 17.5 cm.
- Zona intermedia, formada por dos capas de áridos (tamaño máximo 65 mm) y de espesor entre 15 y 25 cm.
- Zona superior, constituida por una capa de 4 cm de grava densamente compactada.
- Zona lateral de drenaje, constituida por piedra machacada y grava. Se construía cuando no era posible elevar el firme por encima del nivel del suelo.

John McAdam perfeccionó la técnica de desagüe, ya que además de una superficie inclinada en el firme para mejorar el drenaje hacia el exterior de la carretera previó la construcción de zanjas dispuestas longitudinalmente a la carretera (cunetas), puesto que tenía la teoría de que unos materiales bien drenados soportarían mejor la carga, conclusión a la que llegó después de observar que la mayor parte de los caminos británicos pavimentados en el siglo XIX estaban compuestos por materiales permeables, por lo que el agua de lluvia no drenada dañaba el cimiento de la carretera (SMILES, 1904). En el diseño del nuevo firme decidió utilizar áridos angulares para mejorar su resistencia, de modo que se aumentase el rozamiento interno entre ellos. McAdam diseñó así una sección de firme de 25 cm de espesor dividida en dos zonas (COLLINS y HART, 1936) con la distribución reflejada en la Fig. 1.22:

Fig.1.21. Capa Telford (Pensilvania – EEUU).

- Zona inferior, constituida por dos capas de un espesor total de unos 20 cm construidas a base de árido machacado de tamaño máximo 75 mm.
- Zona superior o de rodadura, constituida por una capa de 5 cm de espesor construida a base de árido grueso machacado de tamaño máximo 25 mm, cuya misión era proporcionar un pavimento liso para las ruedas, por lo que una vez colocado se apisonaba convenientemente.

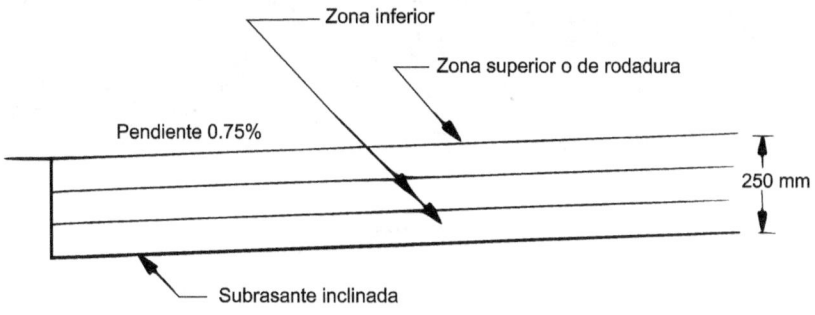

Fig.1.22. Sección típica de carretera de Macadam.

Con la construcción de este tipo de firme se empleaban áridos machacados (Fig. 1.23), y se empezó a utilizar el término *macadam* para indicar el pavimento de *piedra rota* (BAKER, 1903), siendo muy popular el dicho de *ninguna piedra más grande de la que entre en la boca de un hombre debe entrar en un camino* (GILLETTE, 1906).

Los firmes de *macadam* se extendieron rápidamente por Europa y por América. Así, por ejemplo, en 1823 se construyó en Maryland el primer firme de *macadam* de Norteamérica, mientras que cerca de 2200 km de firmes de estas características estaban ya en funcionamiento en el año 1850 en diversas poblaciones del Reino Unido.

Por su parte, Thomas Telford mejoró la sección de *macadam* mediante la selección de áridos según su granulometría, para lo que tuvo en cuenta tanto el tráfico como el trazado de las carreteras. Durante la Primera Guerra Mundial (Fig. 1.24) se pudo comprobar que los cimientos de las carreteras construidas o reforzadas con firmes tipo *macadam* no soportaban bien las cargas transmitidas por los camiones pesados, por lo que se empezaron a utilizar las secciones de firme diseñadas por Telford, que proporcionaban un mejor reparto de las cargas originadas por los vehículos.

Fig.1.23. Firmes modernos.

La popularización de la bicicleta en la década de 1880 y la introducción del automóvil una década después generó la necesidad de desarrollar las redes de carreteras, así como la mejora de sus pavimentos, dotándolos de superficies de rodadura lisas y duras para facilitar la circulación de los vehículos. Por ello, se comenzaron a utilizar como aglomerantes de superficie materiales tales como alquitranes, aceites y varios de sus derivados. Así, el material más usado para la pavimentación fue el alquitrán obtenido como residuo del gas carbón empleado en iluminación, que representa probablemente el inicio de la cultura del reciclado de materiales de desecho para la construcción de firmes.

Fig.1.24. Guerras mundiales.

En aquella época los firmes pavimentados solo se consideraban convenientes para el tráfico ligero, por lo que solamente se utilizaban en redes de carreteras rurales. De este modo en 1848 se construyó en el camino de Lincoln el primer firme de *macadam* recubierto con alquitrán (HUBBARD, 1910; COLLINS y HART, 1936), continuándose con este sistema en el año 1854 en París y Knoxville, y en el año 1866 en Tennessee.

Por su parte, en Washington se utilizó de forma generalizada en el año 1871, para la construcción de carreteras, un pavimento del alquitrán constituido por una mezcla de asfaltos naturales y rocas asfálticas (HUBBARD, 1910). En Europa en 1902 el doctor Guglielminetti Ernest propuso al príncipe Alberto I de Mónaco regar con alquitrán 40 metros de carretera en el paseo marítimo del Principado (Fig. 1.25) para impedir la pérdida de negocio que habían experimentado los casinos como consecuencia del polvo que se levantaba al paso de los vehículos con ocasión de la celebración del gran premio automovilístico de Mónaco.

Alrededor de 1914 en España se utilizó en el camino de Valencia a su puerto un firme a base de *macadam* reforzado longitudinalmente con carriles de hierro, debido a que el gran tránsito de carros con ruedas de hierro originaba un grave problema de mantenimiento de firme. Se constituyó de esta forma un medio de transporte híbrido entre el ferrocarril y la carretera (URIOL, 1997).

Fig.1.25. Gran premio de Mónaco.

La primera utilización de mezclas bituminosas de la que se tiene constancia en España es de tipo alquitrán para la construcción de aceras y zonas peatonales en la Puerta del Sol de Madrid durante los años 1847 a 1854. Sin embargo el uso habitual de mezclas bituminosas no comenzó hasta 1926, año en el que gracias a la creación por parte del Ministerio de Fomento del *Circuito Nacional de Firmes Especiales* (CNFE) y de su patronato, se procedió a la pavimentación de 223 km de carreteras (DEL VAL, 2007). Como dato curioso, cabe apuntar que de la misma época data el Patronato nacional de turismo que dio lugar al desarrollo de la red de Paradores nacionales y albergues de carretera para automovilistas en España.

Con el fin de la Primera Guerra Mundial el transporte por carretera se desarrolló enormemente. La sociedad inició un rápido proceso de transformación a nivel mundial, con más necesidades de movilidad y transporte, por lo que aumentó el tráfico por carretera (especialmente el tráfico pesado), lo que impulsó el estudio y desarrollo de procedimientos de diseño de firmes tanto en Europa como en América, para adaptar las redes de carreteras existentes a las nuevas y crecientes necesidades.

En Illinois (Estados Unidos) se desarrolló entre los años 1958 y 1960 por la *American Association of State Highway Officials* el *AASHO Road Test*, que originó al año siguiente la publicación de la *Interim Design Guide* (AASHO, 1961). En esta guía se desarrolló un método empírico para el cálculo de los espesores de las capas basado en la estimación de la intensidad del tráfico pesado a soportar por la carretera y se introducían una serie de nuevos conceptos como *nivel de servicio*, *ejes equivalentes*, etc., que posteriormente se integraron en los métodos de dimensionamiento de firmes desarrollados en todo el mundo.

4. CONCEPTOS TEÓRICOS BÁSICOS

Tras el análisis anterior sobre el desarrollo de las carreteras a lo largo del tiempo se presentan a continuación las definiciones de tres conceptos teóricos básicos de las carreteras actuales: carretera, firme y mezcla bituminosa.

4.1. Carretera

Una carretera es una estructura resistente con unas características geométricas adecuadas. Sin embargo, una carretera es mucho más. Según la vigente ley 37/2015, de 29 de septiembre, de carreteras (JEFATURA DEL ESTADO, 2015) se consideran carreteras las *vías de dominio y uso público proyectadas, construidas y señalizadas fundamentalmente para la circulación de vehículos automóviles.*

Una carretera está constituida por numerosos elementos tales como firme, señalización, drenaje, obras de paso, puentes, viaductos, túneles, ornamentación, etc., y su destino es la unión de los diferentes territorios y ciudades entre sí para permitir la movilidad de personas y productos entre ellos, favoreciendo sus relaciones, desarrollando el comercio, la industria, el turismo, etc.

La importancia de las carreteras es muy alta. Según datos del MINISTERIO DE FOMENTO (2015a), la red de carreteras en España tiene una longitud total de 526875 km. 26073 km son carreteras estatales, 71145 km pertenecen a las Comunidades Autónomas y el resto de la red está formado por 68143 km, mantenidos por las Diputaciones y Consejos Provinciales e Insulares, y 489698 km que pertenecen a los Ayuntamientos (361514 de ellos interurbanos).

Además existen varias agencias gubernamentales como Estructuras Agrarias, Ministerio de Defensa, Confederación Hidrográfica, etc., que cuentan con una red de carreteras de 11355 km. Por último cabe mencionar que actualmente las vías de doble carril (autopistas de peaje, autopistas sin peaje y autovías) suman 14981 km, lo que convierte a España en el país europeo con mayor longitud de este tipo de vías, seguido por Alemania y Francia (en segundo y tercer lugar respectivamente).

Fig.1.26. Puente en granja Florencia, Zamora.

A toda esta vasta red de carreteras se unen las que son propiedad de sociedades y particulares, abiertas o no al uso público, como las carreteras de propiedad privada, las carreteras pertenecientes a operadores de energía para acceso a sus centros de generación (saltos hidroeléctricos, parques eólicos, etc.), las de gestión de explotaciones agropecuarias, etc. Se pueden apreciar en la Fig. 1.26 los vestigios de la exsitencia de barreras para el pago de peaje por atravesar una carretera privada perteneciente a una explotación agropecuaria (el peaje estuvo operativo hasta bien entrado el siglo XX).

4.2. Firme

Según la norma española 6.1 IC (MINISTERIO DE FOMENTO, 2003b) un firme es *el conjunto de capas ejecutadas con materiales seleccionados y, generalmente, tratados, que constituye la superestructura de la plataforma, resiste las cargas del tráfico y permite que la circulación tenga lugar con seguridad y comodidad.*

Los firmes de carreteras se proyectan con una calidad inicial, sabiendo que el paso de vehículos generará un deterioro hasta umbrales inadmisibles, por lo que es necesario un mantenimiento de las mismas para evitar su ruina.

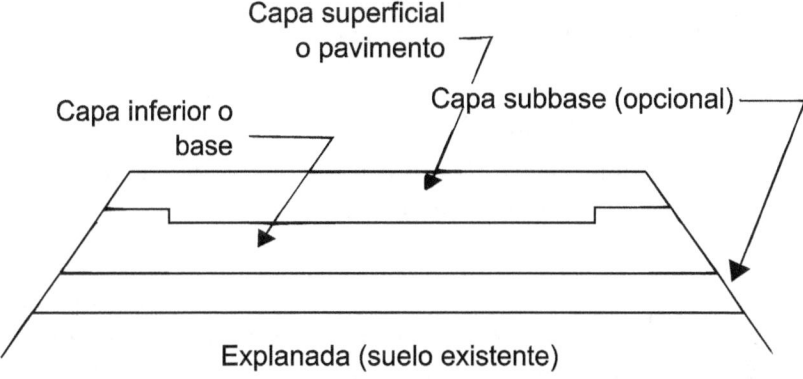

Fig.1.27. Capas típicas de un firme actual de MBC.

Un firme flexible está constituido por varias capas de distintos materiales (Fig. 1.27). Cada capa recibe las cargas de la capa anterior, absorbiendo parte y pasando el resto de cargas a la capa inferior. Para aprovechar este reparto de cargas, las capas materiales se colocan por lo general según la capacidad portante necesaria, de forma que las capas inferiores tendrán una capacidad portante menor que las superiores (Fig. 1.28).

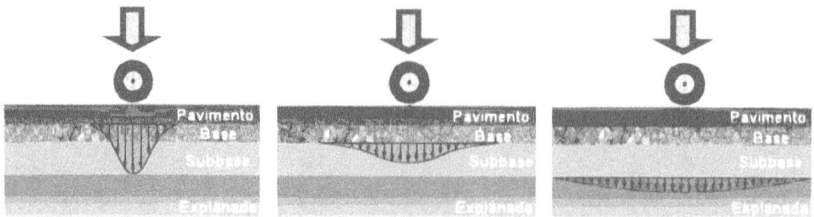

Fig.1.28. Transmisión de la carga entre capas del paquete de firmes.

Como esquema general (NAPA, 2001; MINISTERIO DE FOMENTO, 2003b) se pueden distinguir en un firme flexible las siguientes capas:
- Capa superficial o pavimento. Es la capa superior del firme y la que entra en contacto con el tráfico. Debe resistir las tensiones producidas por la circulación, proporcionando una superficie de rodadura cómoda y segura para el tránsito de vehículos. Puede estar compuesta de una o varias subcapas, todas ellas constituidas por MBC. Puede dividirse en dos subcapas:

    • Capa de rodadura. Es la capa superior de un pavimento.
    • Capa intermedia. Es una capa opcional, situada debajo de la capa de rodadura de un pavimento.

- Capa base o inferior (cuando no existe subbase). Es la capa que se encuentra directamente debajo de la capa superficial o pavimento y está constituida generalmente por áridos, con o sin cemento, aunque también puede estar constituida por mezcla bituminosa. Su misión es eminentemente estructural.

- Capa subbase. Es la capa (o capas) que se encuentran por debajo de la capa base. No siempre es necesaria. Su misión es contribuir a la resistencia estructural dada por la base, aunque también cumple otras misiones como mejorar el drenaje, reducir los daños por heladas, proporcionar una plataforma para la construcción de las capas superiores y evitar la contaminación del subsuelo de la capa base con materiales procedentes de la explanada. Los materiales a utilizar son de baja calidad comparados con los de las capas superiores.

La explanada es la superficie sobre la que se apoya el firme (no pertenece a su estructura), y a la que se le exigen una serie de requisitos estructurales. Puede ser natural o estar mejorada mediante aporte de nuevos suelos de buena calidad, con técnicas de estabilización *in situ* de los suelos naturales existentes en la misma, o mediante una combinación de ambas técnicas (aporte y estabilización de nuevos suelos).

El firme se utiliza para evitar la acción directa de las cargas producidas por los vehículos de transporte sobre la explanada. Éstas suelen ser de varias toneladas por rueda, con presiones de 0.6 a 1 MPa en los grandes vehículos de transporte de viajeros y mercancías (KRAEMER *et al.*, 2004), lo que produce en poco tiempo importantes deformaciones.

Por otra parte, si no existiera el firme, las tensiones tangenciales superficiales que se producen en la capa de rodadura, y el hecho de encontrarse la carretera a la intemperie, darían lugar a una superficie deslizante e inestable en tiempo lluvioso y polvoriento e irregular en tiempo seco. Para evitarlo, el firme tiene que cumplir las siguientes funciones:

- Proporcionar una superficie de rodadura segura, cómoda y de características permanentes bajo las repetidas cargas del tráfico a lo largo de un período de tiempo suficientemente largo.

- Resistir las solicitaciones del tráfico pesado repartiendo las presiones verticales ejercidas por las cargas, para que a la explanada sólo llegue una carga inferior a su capacidad de soporte, y para que las deformaciones producidas en ella y en las distintas capas del firme sean admisibles (teniendo en cuenta la repetición de las cargas y la resistencia a la fatiga de los distintos materiales).

- Proteger la explanada de la intemperie, en particular de la acción del agua y su incidencia en la disminución de la resistencia a la tensión cortante en suelos, así como de los efectos de los ciclos de hielo y deshielo.

4.3. Mezcla bituminosa

Actualmente existe una gran variedad de firmes, que se clasifican en dos grandes grupos de acuerdo a los materiales que los componen y a la forma que tienen de distribuir las tensiones y deformaciones generadas por el tráfico:

- Firmes rígidos, que tienen una capa de hormigón que asegura la función resistente. La citada capa no sufre deformaciones apreciables y, debido a su rigidez, distribuye las cargas verticales que recibe (provenientes del tráfico rodado) sobre una gran superficie, de forma que las tensiones transmitidas se ven muy reducidas.

- Firmes flexibles, que están constituidos por una serie de capas de materiales con una resistencia a la deformación que decrece con la profundidad de forma proporcional a la disminución de tensiones transmitidas. Sufren deformaciones localizadas debido a que el reparto de las tensiones producidas por las cargas del tráfico rodado es menor que en el caso de los firmes rígidos. Dichas deformaciones son de naturaleza viscoelastoplástica, siendo la mayor parte de ellas elásticas.

La actual normativa española 6.3 IC sobre rehabilitación de firmes (MINISTERIO DE FOMENTO, 2003a) clasifica a su vez los firmes en:

- Firmes flexibles, constituidos por capas granulares no tratadas y materiales bituminosos en un espesor inferior a 15 cm.

- Firmes semiflexibles, en los que el espesor de los materiales bituminosos sobre capas granulares no tratadas iguala o supera los 15 cm.

- Firmes semirrígidos, constituidos por una o varias capas de materiales bituminosos de cualquier espesor sobre una o más capas tratadas con conglomerantes hidráulicos o puzolánicos, siendo el espesor conjunto de éstas igual o superior a 18 cm y con un comportamiento que garantice todavía una contribución significativa a la resistencia estructural del conjunto del firme.

- Firmes rígidos, constituidos por pavimento de hormigón, generalmente losas (existe también el pavimento continuo de hormigón), que se pueden colocar directamente sobre la explanada o bien sobre una capa soporte que puede estar tratada.

- Otros tipos de firmes, constituidos a base de adoquines, losas, aceras, etc.

La mayor parte de los firmes de carretera están constituidos en sus capas superiores por materiales compuestos bituminosos (Fig. 1.29).

Fig.1.29. Pavimento de Mezcla Bituminosa. A-63 en Hull, Yorkshire. Reino Unido.

En la Tabla 1.1 se puede comprobar la alta demanda de producción de firme bituminoso a nivel mundial. A modo de ejemplo se puede estimar que la producción media de MBC en Europa, suponiendo unos precios medios de 40 € por tonelada de MBC extendida, asciende a 12.000 millones de €uros, cantidad para nada despreciable y que representa alrededor del 0.07 % de su PIB.

Tabla 1.1. Producción mundial de firme bituminoso en millones de toneladas, EAPA (2013).

País	2005	2006	2007	2008	2009	2010	2011	2012	2013
Alemania	57.0	57.0	51.0	51.0	55.0	45.0	50.0	41.0	41.0
Austria	10.0	10.0	9.5	9.5	9.0	8.2	8.0	7.2	7.0
Bélgica	5.2	5.0	4.5	4.9	4.7	4.8	5.9	5.6	5.3
Croacia	3.8	3.7	3.7*	4.2	3.2	2.2	2.6	2.5	2.8
Rep. Checa	5.6	7.4	7.0	7.3	7.0	6.2	5.8	5.6	5.4
Dinamarca	3.2	3.4	3.3	3.1	2.7	3.2	4.0	3.6	3.7
Eslovaquia	1.8	2.2	2.2*	2.2*	2.2	1.9	2.2	1.9	1.6
Eslovenia	1.5	2.2	2.1	2.6	2.3	1.8	1.3	1.1	1.2
España	41.5	43.4	49.9	42.3	39.0	34.4	29.3	19.5	13.2
Estonia	1.2	1.5	1.5	1.5	1.2	1.1	1.3	1.1	1.2
Finlandia	6.2	5.5	5.9	6.0	5.2	4.9	5.0	4.5	4.5
Francia	40.1	41.5	42.3	41.8	40.1	38.8	39.2	35.3	35.4
Gran Bretaña	27.9	25.7	25.7	25.0	20.5	21.5	22.4	18.5	19.2
Grecia	7.0*	7.8	8.0	8.1	8.7	5.2	2.3	1.6	2.7
Hungría	3.8	4.4	3.3	2.5	1.6	3.4	2.3	2.5	2.7
Irlanda	3.4	3.5	3.3	2.8	3.3	2.3	0.2	0.2	0.2
Islandia	0.3	0.3	0.3	0.4	0.3	0.2	1.8	1.9	1.8
Italia	43.5	44.3	39.9	36.5	34.9	29.0	28.0	23.2	22.3
Letonia	0.6*	0.6*	0.6*	0.6*	0.6*	0.6*	0.6*	0.6*	0.6*
Lituania	1.7	2.2	1.5	1.6	-	-	1.6	1.3	1.3*
Luxemburgo	0.6	0.6	0.6*	0.6	0.7	-	0.7	0.6	0.7
Noruega	5.1	5.1	5.9	5.7	6.5	5.9	9.6	9.2	9.7
Países Bajos	8.6	9.8	10.2	9.3	9.8	9.5	6.7	6.3	6.4
Polonia	15.0	18.0	18.0*	15.0	18.0	18	26.5	21.1	18.2
Portugal	11.1	8.9	9.0	9.0*	9.0*	6.7	6.4	6.4*	6.4*
Rumania	2.8*	2.8*	3.2	3.3	3.6	3.2	3.6	3.2	4.1
Suecia	7.2	7.3	7.7	8.7	8.1	7.9	5.4	4.8	4.8
Suiza	4.7	5.4	5.2	5.3	5.4	5.3	8.1	7.7	7.6
Turquía	16.6	18.9	22.2	26.6	23.1	35.3	43.5	38.4	46.2
Europa	*324.3*	*346.1*	*347.7*	*338.0*	*317.3*	*309.3*	*324.3*	*276.4*	*277.3*
Australia	7.7	7.7	9.0	9.5	9.5*	7.5	8.8	-	-
Canadá	13.0	13.0	13.2	13.2*	13.2*	14	13.5	13.0	-
Corea del Sur	-	-	-	-	35.6	20.7	-	23.2	26.2
EE.UU.	500.0	500.0	500.0	440.0	327.0	327.0	332.0	326.9	318.1
Japón	57.3	56.6	54.9	49.6	49.6	44.7	45.6	47.3	49.9
Nueva Zelanda	-	-	-	-	-	-	-	1.0	1.0
Sudáfrica	-	-	-	-	-	-	5.7	5.7	5.5

* Cifra estimada.

Las mezclas bituminosas se pueden clasificar de diversas formas. Así, según KRAEMER *et al.* (2004) se pueden distinguir:

- Por la temperatura de puesta en obra:
    - Mezclas en caliente, que se fabrican con betunes asfálticos a temperaturas más o menos elevadas (en general, en torno a 150°C).
    - Mezclas en frío, en las que el betún suele ser una emulsión bituminosa y la puesta en obra se realiza a temperatura ambiente.

- Por el porcentaje (en volumen) de huecos de la mezcla:
    - Densas (2 - 6%).
    - Semidensas (6 - 12%).
    - Gruesas (> 12%).
    - Drenantes (> 20%).

- Por el tamaño del árido:
    - Mezclas gruesas (> 20 mm).
    - Mezclas finas (10-20 mm).
    - Microaglomerados (< 10 mm).

- Por la granulometría:
    - Mezclas continuas (curva continua).
    - Mezclas discontinuas (curva discontinua).

- Por la estructura del árido:
    - Sin esqueleto mineral (poco uso en España). La resistencia de estas mezclas es debida únicamente a la cohesión del betún o del *mastic* (betún más el polvo mineral o *filler*).
    - Con esqueleto mineral. La componente de la resistencia debida al rozamiento interno de los áridos es notable.

- Por el tipo de betún empleado:
    - Convencionales (betunes normales).
    - Especiales (betunes modificados).

Combinando estos criterios de clasificación, se obtienen diversos tipos de mezclas, siendo los más utilizados:

- Mezclas bituminosas en caliente (MBC) o *Hot Mix Asphalt* (HMA). Son el tipo más generalizado. Se usan tanto en vías urbanas como en carreteras convencionales, autopistas y aeropuertos. Se pueden clasificar en:

    • Hormigones bituminosos en caliente (HBC) o *Asphalt Concrete* (AC). Se utilizan tanto para capas de rodadura como para las capas asfálticas inferiores. Se fabrican con ligantes tipo betún asfáltico, tanto normales como modificados. La proporción de betún varía según la granulometría y el uso de la mezcla, desde un 3% a un 6% sobre la masa del árido. Son de granulometría continua, por lo que las partículas más finas rellenan lo huecos que existen entre las más gruesas. Todo el esqueleto mineral está recubierto por una película continua de betún. La reología de estas mezclas depende en gran medida del porcentaje de contenido de betún, de forma que una pequeña variación puede producir cambios importantes en su comportamiento.

    • Un tipo especial de HBC son las denominadas mezclas de alto módulo (MAM) o *high modulus asphalt* (HM). Son hormigones bituminosos en caliente pero con un elevado módulo de elasticidad, del orden de 13000 MPa a 20°C, mientras que las mezclas normales suelen tener un módulo del orden de 6000 MPa a la misma temperatura. Se suelen utilizar como capas de base y en rehabilitaciones, especialmente en travesías para mantener la rasante sin variaciones de cota y conseguir un aporte extra en sus características estructurales respecto al firme original. Se fabrican con betunes muy duros, tanto convencionales como modificados, y con una dotación de alrededor del 6% sobre la masa de áridos. La dotación de polvo mineral es alta también (entre 8 y 10%). Su resistencia a fatiga es elevada y se suelen utilizar en capas de gran espesor, de 8 a 15 cm.

- Mezclas porosas, drenantes (MPD) o *Porous Asphalt* (PA). Tienen una proporción muy elevada de huecos respecto a las MBC convencionales (20 al 30%), lo que les da una gran permeabilidad. Están diseñadas para utilizarse en capas de rodadura de espesores hasta 4 cm, con lo que se consigue que el agua de lluvia caída sobre la calzada se evacue rápidamente por infiltración (resulta conveniente la impermeabilización de las capas inferiores y del cimiento). Para la fabricación de estas MPD, debido a su mayor adhesividad, se suelen utilizar betunes modificados, aunque también se utilizan MPD fabricadas con betunes convencionales para carreteras con baja intensidad de tráfico. Los principales problemas de este tipo de mezclas son las heladas, que producen su disgregación y la colmatación de sus poros a lo largo de su vida útil, lo que obliga a su limpieza periódica con barredoras-aspiradoras, aunque a la larga pierden sus características y hay que reponerlos.

- Microaglomerados, denominados por la normativa española actual como *mezclas bituminosas en caliente para capas delgadas* (MBCCD), o *Betón Bitumineux Très Mince* (BBTM), que son mezclas con áridos de granulometría discontinua y con un *tamaño máximo* de árido inferior a 10 mm. No aportan características estructurales al firme, pero sí buenas cualidades superficiales, por lo que se suelen utilizar en la capa de rodadura.

- Mezclas bituminosas en frío (MBF): En este caso el ligante en este caso no es betún asfáltico sino una emulsión bituminosa (dispersión coloidal de un betún en agua y un agente emulsionante de carácter aniónico o catiónico). Tienen una gran flexibilidad, por lo que se suelen utilizar en capas de pequeño espesor colocadas sobre capas granulares. Esta característica, junto con su menor resistencia y precio respecto a una MBC, hace que se utilicen mayormente en la construcción y la conservación de carreteras de baja intensidad de tráfico. Entre las MBF destacan los siguientes tipos:

- MBF de granulometría abierta. Éstas se fabrican con una baja proporción de áridos finos, por lo que el esqueleto mineral está conformado casi exclusivamente por áridos gruesos, lo que produce una elevada proporción de huecos. Esta configuración de la MBF hace que la resistencia la aporte casi exclusivamente la estructura mineral, debido al rozamiento interno entre los áridos. La proporción de betún asfáltico residual (procedente de la emulsión) es del 2.5-3% sobre la masa de árido. Son las más utilizadas.

- MBF densas. Se fabrican con emulsiones de rotura lenta sin fluidificante, por lo que una vez colocadas en obra la mezcla debe pasar un periodo de maduración que consiste en la separación del betún y del agua procedente de la rotura de la emulsión bien mediante la simple evaporación, bien mediante una reacción química, hasta que el betún forme una película continua alrededor de los áridos. Se consigue así por medio de la maduración un aumento paulatino de la resistencia de la MBF. Al igual que durante el proceso de curado de las mezclas fabricadas con betunes fluidificados, no se puede dar paso a la circulación en la carretera hasta que se haya alcanzado una determinada resistencia, ya que la maduración es un proceso lento (a consecuencia de que la granulometría del árido es cerrada y la proporción de poros es pequeña).

- Masillas o *mastic* y asfaltos fundidos. Son mezclas sin esqueleto mineral en los que existe una elevada proporción de polvo mineral y de betún. La resistencia en este tipo de mezclas es aportada por la cohesión que proporciona la viscosidad del *mastic*, ya que al existir poco árido grueso, éste se encuentra disperso en el *mastic* no conformando apenas esqueleto mineral. Se utilizan para dotar de impermeabilidad a las capas, como en el caso de tableros de puentes, vías urbanas y aceras.

II. DIMENSIONAMIENTO DEL FIRME

El dimensionamiento del firme es el proceso mediante el cual se determinan las distintas capas que constituyen el firme y los espesores de las mismas, de forma que se alcance una vida en servicio determinada y que su coste sea mínimo. El diseño del firme se puede subdividir en dos partes fundamentales (Fig. 2.1): el *diseño estructural* y el *diseño de la mezcla*.

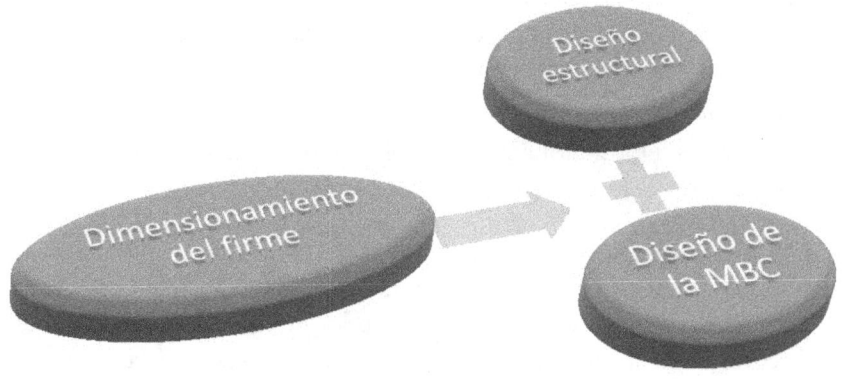

Fig. 2.1. Dimensionamiento del firme.

El objetivo del diseño estructural es determinar el número, la composición material y el grueso (espesor), de las diversas capas dentro de la estructura del firme conforme a un régimen de cargas dado y para un periodo de diseño determinado. Así, se realiza el diseño estructural de forma que la resistencia del firme sea suficiente para soportar las cargas del tráfico durante toda su vida (MUENCH, MAHONEY y PIERCE, 2003).
El objetivo del diseño de la mezcla bituminosa es determinar la composición óptima de los materiales en el firme, esto incluye evaluaciones detalladas de todos los componentes que lo integran (áridos, betunes, *filler*, etc.), así como un estudio de sus porcentajes óptimos de mezcla.

1. PARÁMETROS FUNDAMENTALES

Al diseñar el firme hay tres parámetros fundamentales a considerar:

- Las *características de la explanada* o del suelo sobre el cual se coloca el firme, que tendrán un impacto grande en el diseño estructural. Las características de rigidez y drenaje de la explanada ayudan a determinar el espesor de la capa de firme, la composición y número de capas de éste, las posibles restricciones estacionales de carga en los vehículos pesados, etc.
- Las *cargas aplicadas* en función del tráfico previsto se utilizan para determinar la composición del firme, las características de las capas y su grosor, influyendo en la vida del propio firme.
- Los *agentes externos*, principalmente ambientales, tienen un gran impacto en el funcionamiento del material, ya que afectan a su durabilidad y a su reología.

1.1. Características de la explanada

El éxito de un firme depende a menudo de la explanada o suelo subyacente, es decir, del material sobre el cual se construye la estructura del pavimento. Los suelos se componen de una amplia gama de materiales, aunque algunos son mucho mejores que otros.

El funcionamiento de la explanada depende generalmente de:

- *La capacidad portante*. La explanada debe poder soportar las cargas transmitidas por la estructura del firme. Esta capacidad portante depende del grado de compactación, del contenido de agua y del tipo del suelo. Una explanada con alta capacidad portante y baja deformación se considera buena.
- *El contenido de agua*. La humedad afecta a un gran número de características de la explanada, incluyendo la capacidad portante, así como la contracción y el hinchamiento del suelo. El contenido de agua depende del drenaje, de la elevación de la cota del agua subterránea, de la infiltración y de la porosidad del firme (que puede existir por las grietas en el mismo). Generalmente, los suelos excesivamente húmedos se deformarán en exceso bajo la presencia de cargas.

- *La contracción y el hinchamiento.* Algunos suelos se contraen o hinchan dependiendo de su contenido de agua. Además, los suelos con contenido excesivo en finos suelen ser susceptibles a las heladas, que tienden a agrietar el firme colocado sobre ellos debido a los continuos ciclos hielo-deshielo y su consecuente contracción e hinchamiento.

Fig. 2.2. Grietas debidas al fallo de la explanada.

Cuando la explanada a utilizar no tiene las características adecuadas se puede llegar a producir el fallo del firme (Fig. 2.2) e incluso su ruina (Fig. 2.3). Existen varios métodos para mejorar su funcionamiento:

- *Retirada y sustitución (sobre-excavación).* El suelo pobre de la explanada se puede quitar y sustituir por terraplén de alta calidad, lo que puede llegar a ser muy costoso. La Tabla 2.1 presenta la profundidad necesaria de sobreexcavación en función del índice de plasticidad del suelo.

- *Estabilización* de una o varias capas de la explanada mediante tratamientos con cemento, cal o betún. La adición a una capa de la explanada de cal, cemento Portland o betún puede aumentar la rigidez del suelo y reducir la tendencia al hinchamiento.

Tabla 2.1. Recomendaciones de sobre-excavación (CAPA, 2000).

Índice de plasticidad del suelo	Profundidad de la sobre-excavación
10-20	0.7 m
20-30	1.0 m
30-40	1.3 m
40-50	1.7 m
> 50	2.0 m

Fig. 2.3. Ruina del firme por fallo de la explanada.

- *Capas adicionales.* Se puede mejorar la baja capacidad portante que tienen algunas explanadas añadiéndole capas adicionales. Estas capas adicionales (generalmente de piedra machacada) sirven para mejorar el reparto de las cargas del firme a la explanada, así como para elevar la capacidad portante de ésta. La problemática de esta solución radica en que, al proyectar los firmes para este tipo de explanadas, se puede tender a utilizar una capa de sección gruesa porque cumple la mayoría de las ecuaciones del diseño. Sin embargo, hay que tener en cuenta que estas ecuaciones no fueron pensadas para utilizarse en estos casos extremos. En resumen, una capa gruesa sobre una explanada con una baja capacidad portante no constituirá necesariamente un buen firme.

En cuanto a la normativa española, la Norma 6.1 IC, *Secciones de Firme* (MINISTERIO DE FOMENTO, 2003b), clasifica las explanadas en tres categorías (Tabla 2.2), en función del módulo mínimo de compresibilidad en el segundo ciclo de carga (E_{V2}) obtenido de acuerdo con la norma NLT-357. *Ensayo de carga con placa* (CEDEX, 1992-2000) y en función del tipo de suelo de la explanación o de la obra de tierra subyacente y de las características y espesores de los materiales disponibles. Propone además una serie de soluciones para conseguir una u otra categoría de explanada.

Tabla 2.2. Categoría de la explanada. Módulo mínimo de compresibilidad, norma 6.1 IC (MINISTERIO DE FOMENTO, 2003b).

Categoría de la explanada	E3	E2	E1
E_{V2} (MPa)	300	120	60

1.2. Cargas aplicadas

Una de las funciones principales del firme es la distribución de las cargas o solicitaciones que va a soportar y que provienen fundamentalmente del tránsito de vehículos. Así para diseñar adecuadamente un firme, es necesario definirlas bien, pues junto con las condiciones ambientales son los dos parámetros que más dañan el firme a corto plazo.

El modelo estructural de firme más simple se basa en que *cada carga individual produce una cierta cantidad de daño irreversible*. Este daño es irrecuperable, por lo que cuando el firme alcanza un cierto valor máximo se considera que ha llegado al final de su vida útil.

La caracterización de las solicitaciones a las que está sometido un firme es bastante compleja, debido no sólo a los distintos tipos de vehículos existentes, sino también a las *interacciones rueda-pavimento* que producen solicitaciones adicionales a las cargas estáticas producidas por los vehículos (ARRIAGA y GARNICA, 1998). Por ello, es necesario estudiar los siguientes aspectos para el diseño del firme:

1. Tipología de los ejes.

2. Magnitud de las cargas aplicadas.
3. Distribución del tráfico.
4. Velocidad de los vehículos y tiempo de solicitación en un punto.
5. Interacción rueda-pavimento.
6. Repetición de cargas.
7. Distribución de tensiones producidas por las cargas.

1.2.1. Tipología de los ejes

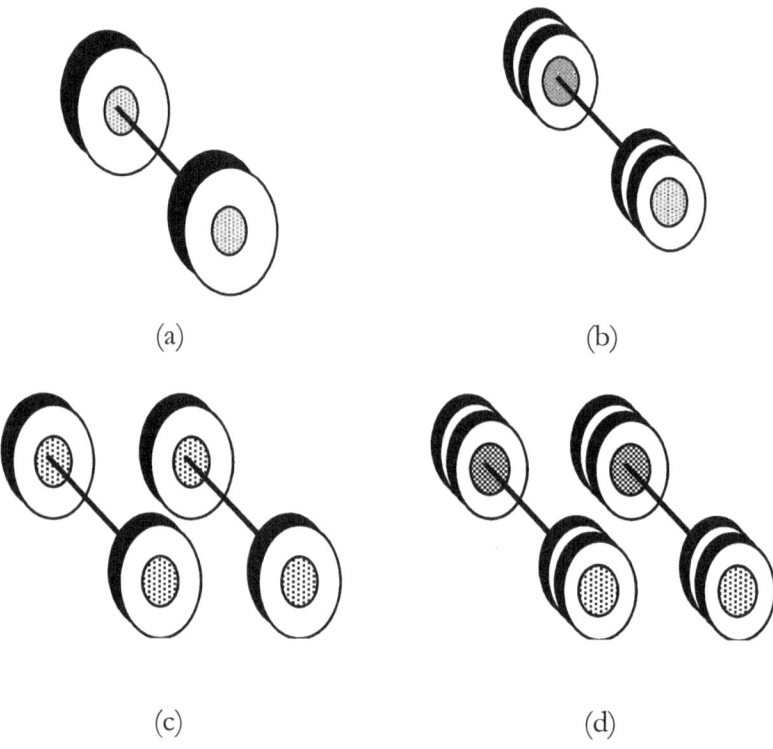

Fig. 2.4. Combinaciones eje-rueda más usuales.
    (a) Eje simple con neumáticos simples.
    (b) Eje simple con neumáticos dobles.
    (c) Eje tándem con neumáticos simples.
    (d) Eje tándem con neumáticos dobles.

La presión y el área de contacto del neumático son de suma importancia, así como el número de puntos de contacto del vehículo con el firme, y por tanto, el reparto de su carga. En la Fig. 2.4. se recogen las combinaciones de ruedas y ejes más utilizadas actualmente.

Las leyes y las reglamentaciones de los distintos países establecen el número máximo de ejes y el peso máximo total por eje para limitar el daño que se produce al firme.

La relación entre el peso por eje y el daño causado a un firme no es lineal, sino *exponencial*. Esto se deduce a partir de la ecuación (2.1) propuesta por la *American Association of State Highway and Transportation Officials* (AASHTO, 1993) para el cálculo del número de ejes de peso x kips (W_x) y el número de ejes equivalentes estándar (W_{18}) correspondiente a un peso de 18 kips (80 kN):

$$\frac{W_x}{W_{18}} = \left(\frac{L_{18} + L_{2S}}{L_x + L_{2x}}\right)^a \left(\frac{10^{G/\beta x}}{10^{G/\beta x}}\right)(L_{2x})^b \quad (2.1)$$

y su inversa, el factor de carga equivalente, F:

$$F = \frac{1}{\dfrac{W_X}{W_{18}}} \quad (2.2)$$

siendo L_x la carga del eje evaluado en kips. (1 kips = 4.448 kN); L_{18} la carga por eje estándar en kips (el eje estándar habitual es 18 kips → L_{18}=18 kips); x la magnitud de la carga evaluada (en kips); L_{2s} la constante para el tipo de eje estándar elegido (igual a 1, 2 ó 3 según sean ejes sencillos, tándem y triple respectivamente); L_{2x} la constante según el tipo de eje evaluado (igual a 1, 2 ó 3 según sean ejes sencillos, tándem y triple respectivamente); p_t el índice de servicio terminal o *terminal serviceability index* (punto en el que el firme está al final de su vida útil, habitualmente se considera p_t=2.5); y a y b coeficientes hallados experimentalmente (a toma el valor 4.79 para firmes flexibles y 4.62 para firmes rígidos; b toma el valor 4.33 para firmes flexibles y 3.28 para firmes rígidos).

El factor de pérdida de utilidad del firme o *serviceability loss factor* (G) se define como:

$$G = log\left(\frac{c - p_t}{c - 1.5}\right) \qquad (2.3)$$

siendo c un coeficiente hallado experimentalmente (toma el valor 4.2 para firmes flexibles y 4.5 para firmes rígidos).

El índice β_x se define para los firmes flexibles como:

$$\beta_x = 0.4 + \left(\frac{0.081(L_x + L_{2x})^{3.23}}{(SN+1)^{5.19} L_{2x}^{3.23}}\right) \qquad (2.4)$$

siendo SN el número estructural del firme, que representa la capacidad de un firme para soportar las solicitaciones del tráfico y es función de los espesores y de la calidad de los materiales con que cada capa será construida (SN toma el valor de 3 para firmes flexibles).

El índice β_x se define para los firmes rígidos como:

$$\beta_x = 1.00 + \left(\frac{3.63(L_x + L_{2x})^{5.20}}{(D+1)^{8.46} L_{2x}^{3.52}}\right) \qquad (2.5)$$

siendo D la profundidad de la losa en pulgadas.

De aquí (dando valores a las anteriores ecuaciones) se deduce que *los vehículos que producen daño al firme son claramente los pesados*. Por ello la carga por eje equivalente (Q) utilizada en España para el diseño de firmes se fija en la de un vehículo pesado tipo de dos ejes simples con neumáticos dobles (ruedas gemelas), con una carga por eje de 128 kN (13 t) según la norma 6.3 IC. *Refuerzo de firmes* (MINISTERIO DE OBRAS PÚBLICAS, 1980). De este modo, el *wheels axle equivalents* o número de ejes de 13 t equivalentes (W) a un eje de peso Q (t) se define como:

$$W = \left(\frac{Q}{13}\right)^4 \tag{2.6}$$

despreciándose las solicitaciones debidas a los vehículos no definidos como pesados. Cada eje tándem de peso Q se considera como equivalente a 1.4 ejes simples de peso $Q/2$.

Se incluye en la *denominación de vehículo pesado* a: los camiones de carga útil superior a 13 t de más de cuatro ruedas y sin remolque, los camiones con uno o varios remolques, los vehículos articulados y los vehículos especiales, y los vehículos dedicados al transporte de personas con más de nueve plazas.

El valor de carga por eje equivalente utilizado (Q = 128 kN) equivale a una presión de contacto del neumático P_c de 900 kPa (la tensión transmitida por la rueda al firme σ es por tanto de 9.17 kg/cm²), que es ligeramente superior a la presión máxima autorizada (9.00 kg/cm²) y a la presión de inflado (en torno a los 8 bares ≈ 8.16 kg/cm² en vehículos pesados). De esta forma la consideración de las cargas en el diseño es *conservadora*, estando siempre *del lado de la seguridad*. El eje equivalente considerado es un eje simple con ruedas gemelas (número de ruedas por eje, n = 4) por lo que la carga sobre cada rueda tiene un valor de 32 kN (128 kN /4 ruedas). El diámetro de la superficie de contacto de la rueda con el pavimento (ϕ) es 21.3 cm y la separación entre centros de los neumáticos es 31.9 cm (tres radios), por lo que entre bordes de dichos neumáticos hay una separación de un radio (Fig. 2.5).

$$p = \frac{Q/n}{\pi\phi^2/4} \tag{2.7}$$

En la antigua normativa de carreteras 6.3 IC (MINISTERIO DE OBRAS PÚBLICAS, 1980), para el cálculo del número de ejes equivalentes que pasan por una determinada sección de carretera (Tabla 2.3) se utilizaban, por su propia definición, dos ejes equivalentes por cada vehículo y una carga por eje equivalente de 13 t.

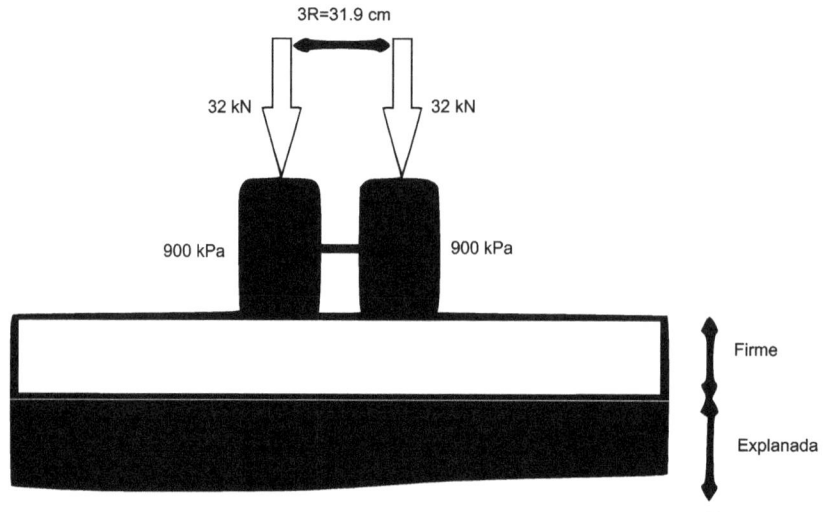

Fig. 2.5. Carga por eje equivalente utilizado en la normativa española.

Tabla 2.3. Número de ejes equivalentes en la norma 6.3 IC
(MINISTERIO DE OBRAS PÚBLICAS, 1980)

Carga por eje Q(t)	Número de ejes equivalentes de 13 t	Carga por eje Q(t)	Número de ejes equivalentes de 13 t
1	0.00004	11	0.51
2	0.00055	12	0.73
3	0.003	13	1.0
4	0.009	14	1.3
5	0.02	15	1.8
6	0.04	16	2.3
7	0.08	17	2.9
8	0.14	18	3.7
9	0.22	19	4.6
10	0.35	20	5.6

En la actual normativa de carreteras 6.3 IC (MINISTERIO DE FOMENTO, 2003a), para simplificar el manejo de la norma, ya no se utiliza el número de ejes equivalentes, sino que se ha sustituido este concepto por el de *intensidad media diaria de vehículos pesados* (IMD_P), parámetro a partir del cual se establecen seis categorías de tráfico pesado.

1.2.2. Magnitud de las cargas aplicadas

El diseño estructural del firme requiere una cuantificación de todas las cargas previstas durante la vida útil del firme. Esta cuantificación se puede realizar de dos formas:

- *Ejes equivalentes (equivalent single axel loads, ESAL)*, definidos por AASHTO (1993). Se convierten las diferentes solicitaciones transmitidas por los distintos tipos de ejes en las repeticiones de ciclos de carga en un *eje simple de carga equivalente*. Es decir, se calcula el número de solicitaciones que realizaría un eje de un determinado peso o *eje equivalente*, de forma que el daño generado por el mismo equivalga al realmente producido por el tráfico real sobre el firme.

- *Espectros de carga* (AASHTO, 2002). Se caracterizan las cargas directamente por el número de ejes, su configuración y su peso, lo que no implica la conversión a ejes equivalentes. Este método es utilizado generalmente cuando se necesita una caracterización más exacta de la carga.

1.2.3. Distribución del tráfico

En una carretera las cargas no se distribuyen por igual en ambos sentidos, sino que suele haber más tráfico (y por tanto más carga) en un sentido que en el otro. Incluso dentro del mismo sentido no todos los carriles llevan la misma carga, de forma que el carril exterior (el derecho en el sistema europeo continental y el izquierdo en el inglés) lleva los vehículos más lentos y pesados, y por tanto la mayor parte de las cargas.

De esta forma, el diseño estructural del firme debe contemplar la distribución desigual del tráfico. Normalmente esto se realiza mediante la elección de un *carril de diseño*. Las cargas esperadas en este carril de diseño se obtienen, bien por medida directa, bien por medio de la aplicación de factores de distribución direccional y de carril.

En las campañas de aforos de tráfico se obtienen datos sobre la cantidad de vehículos que pasan por una determinada sección de carretera, su tipología, distribución, etc., y se obtienen así los parámetros de diseño de carreteras intensidad media diaria (IMD) e Intensidad Media Diaria de vehículos pesados en el carril de proyecto (IMD_{PC}).

1.2.4. Velocidad de los vehículos y tiempo de solicitación en un punto

Uno de los aspectos a tener en cuenta para el dimensionamiento del firme es la velocidad de circulación de los vehículos. De este modo, siguiendo la teoría viscoelástica para el diseño del firme, la duración de la carga y la velocidad están directamente relacionadas entre sí, mientras que si se sigue la teoría elástica lo que prima para la selección de los materiales de construcción de un firme es el módulo de resiliencia, puesto en consonancia con la velocidad del vehículo (HUANG, 1993).

De esta forma en diversos estudios se ha tratado de equiparar las tensiones aplicadas al pavimento por una rueda en movimiento a diversas formas de onda (BARKSDALE, 1971; MCLEAN Y MONISMITH, 1974; HUANG, 1993). BARKSDALE (1971) asimiló las tensiones verticales aplicadas por una rueda en el pavimento a una *onda de tipo triangular*, observando que, a mayor velocidad del vehículo, el tiempo de aplicación de la carga disminuye, que el tiempo de duración de la carga aumenta con la profundidad del punto del firme al que se hace referencia y que al considerar la onda como triangular los tiempos de aplicación aumentan.

MCLEAN y MONISMITH (1974) asimilaron dichas tensiones aplicadas al pavimento a una *onda cuadrada*. HUANG (1993) recomienda para los estudios la utilización de una *onda sinusoidal mixta* de 1.0 s de duración, de forma que la duración de aplicación de carga sea 0.1 s y se separaren entre sí por periodos de reposo de 0.9 s.

1.2.5. Interacción rueda-pavimento

Es a través de las ruedas como se transmite la carga del vehículo, por lo que es necesario conocer la interacción entre la rueda y el pavimento. En su mayoría, los análisis de firmes suponen que la carga del neumático está aplicada uniformemente sobre un área de contacto con *forma circular*, de modo que su tamaño depende de la presión de contacto de la rueda con el firme.

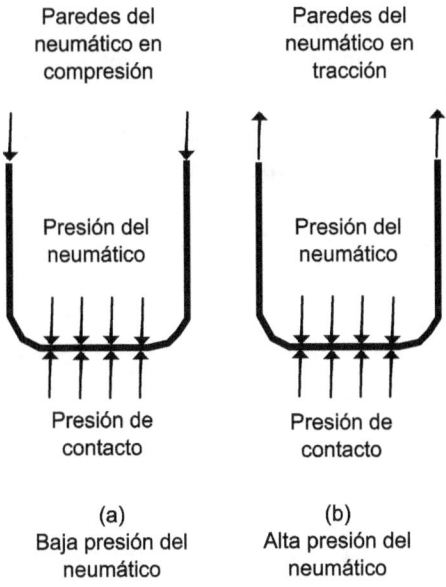

Fig. 2.6. Relación entre la presión de contacto y la presión de hinchado del neumático.

Se suele suponer que las presiones de hinchado de los neumáticos (P_n) son iguales que las de contacto (P_c) aunque realmente son distintas. Como se puede apreciar en la Fig. 2.6 hay dos posibilidades:

- Para bajas presiones de neumático $P_c > P_n$. Basándose en el principio de acción-reacción (tercera ley de Newton), las fuerzas debidas a la presión de contacto deben compensarse por la suma de las fuerzas verticales de la pared y las originadas por la presión del neumático.

- Para altas presiones de neumático $P_c < P_n$. También por el principio de acción-reacción, las fuerzas originadas por la P_n deben compensar la suma de las fuerzas originadas por P_c y las fuerzas verticales de tracción en la pared del neumático.

Como los vehículos pesados son los que más daño producen al firme y usualmente éstos llevan presiones de inflado altas, utilizar la presión de llanta como presión de contacto significa estar del lado de la seguridad (HUANG, 1993).

Tradicionalmente se ha asimilado el área de contacto real del neumático con el firme a una sección circular. Aunque esto no es totalmente correcto, el error suele ser insignificante, por lo que se utiliza como simplificación a la hora de determinar las cargas en el ensayo. Según HUANG (1993), la ecuación que relaciona el radio de contacto del neumático r con la presión de hinchado del neumático P_n y la carga total del mismo $(Q/2)$ es:

$$r = \sqrt{\frac{Q/2}{P_n \pi}} \qquad (2.8)$$

La presión de contacto en realidad no se encuentra uniformemente distribuida sobre un área circular. Se han desarrollado una serie de medidores de presión superficial para medir la presión de contacto entre el firme y el neumático en movimiento (DE BEER, FISHER Y JOOSTE, 1997), mediante los que se ha demostrado que la distribución de tensiones depende principalmente de la carga del neumático, de la presión de inflado, y de las características de los materiales con que está fabricado.

FENG-WANG (2005) efectuó ensayos para determinar las medidas de las huellas de los neumáticos en varias condiciones de carga (Fig. 2.7), demostrando que el área de contacto se asemeja más a *una huella rectangular para presiones de neumático bajas y a una huella circular para presiones del neumático altas*, dependiendo también esta forma de la carga que soporta el neumático y del material con el que está fabricado.

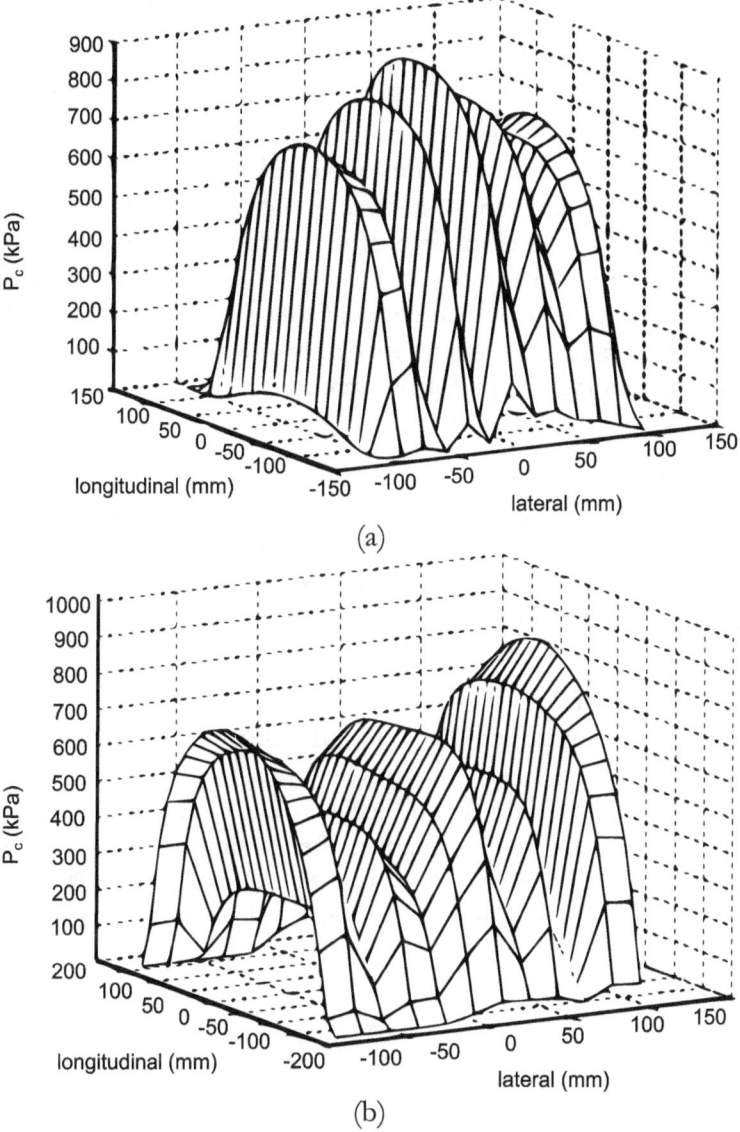

Fig. 2.7. Presión de contacto entre el pavimento y el neumático (FENG-WANG, 2005).
(a) Presión del neumático 690 kPa y carga soportada 24 kN.
(b) Presión del neumático 483 kPa y carga soportada 31 kN.

Los estudios realizados por DE BEER, FISHER y JOOSTE (1997) y completados por DE BEER y FISHER (2002) permiten obtener dos conclusiones importantes:

- La primera es que la presión de contacto firme-neumático en realidad *no se encuentra uniformemente distribuida sobre un área de contacto circular*, como se asumía en el modelo de interacción pavimento-neumático tradicional. Esto choca con la idea de utilizar la teoría elástica lineal de múltiples capas en el estudio del firme, ya que dicha teoría se basa en que la presión de contacto rueda-pavimento es uniforme y en que el área de contacto tiene forma circular.

- La segunda conclusión es que es la presión de contacto entre pavimento y neumático se puede medir con precisión, con lo que se podría utilizar como dato de entrada en un programa de elementos finitos para calcular la respuesta del pavimento, consiguiendo de este modo análisis de firmes más exactos.

WHITE (2002) realizó un ensayo con ejes equivalentes de 80 kN y una separación entre neumáticos de 1.80 m donde midió el área de contacto entre el neumático y el pavimento (Fig. 2.8). Para ello utilizó la simplificación de que la presión de contacto entre la rueda y el pavimento es igual a la presión del neumático. Del estudio obtuvo un área de contacto de 645 cm^2 para una presión de neumático de 620 kPa, que asimiló a un área equivalente rectangular de 31.75 × 20.30 cm.

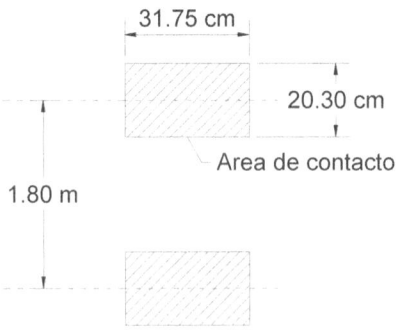

Fig. 2.8. Área de contacto de un eje simple (WHITE, 2002).

De esta forma, el área equivalente rectangular, para un ancho estándar (*L*) tendrá las siguientes proporciones:

$$Longitud = 0.8712L \qquad (2.9)$$

$$Ancho = 0.6L \qquad (2.10)$$

Una velocidad en los vehículos baja ofrece una duración de carga más prolongada que una velocidad alta, por lo que se favorecerá la aparición de roderas o *rutting* en la superficie del firme, (*efecto viscoelastoplástico*).

El área equivalente de contacto se utilizó como entrada en un modelo basado en el método de los elementos finitos (MEF), utilizándose en la distribución de la Fig. 2.9 y asumiendo que el contacto es constante dentro de cada área rectangular o huella.

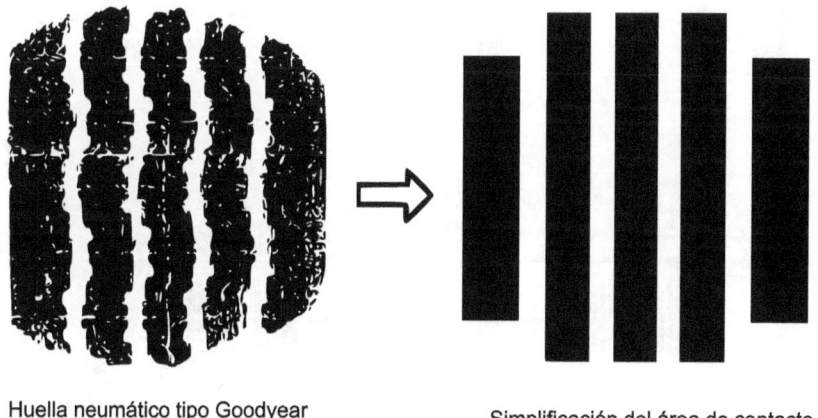

Huella neumático tipo Goodyear
G159A-11R22.5
Carga: 26 kN, presión: 620 kPa

Simplificación del área de contacto

Fig. 2.9. Simplificación del área del contacto o huella (WHITE, 2002).

En el modelo (utilizando el MEF) empleado por WHITE (2002), la velocidad del vehículo se relaciona directamente con la duración de la carga. Como simplificación supuso que las áreas de contacto y las tensiones son iguales para los cuatro neumáticos integrados en el eje equivalente (Fig. 2.10) aunque las tensiones las configuró de forma que tuvieran una distribución diferente dependiendo del nivel de contacto y de la presión entre pavimento y rueda (Fig. 2.11).

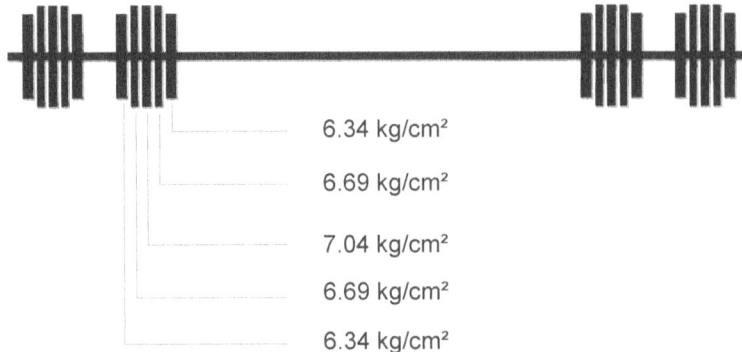

Fig. 2.10. Áreas de contacto y tensiones en el ensayo de WHITE (2002).

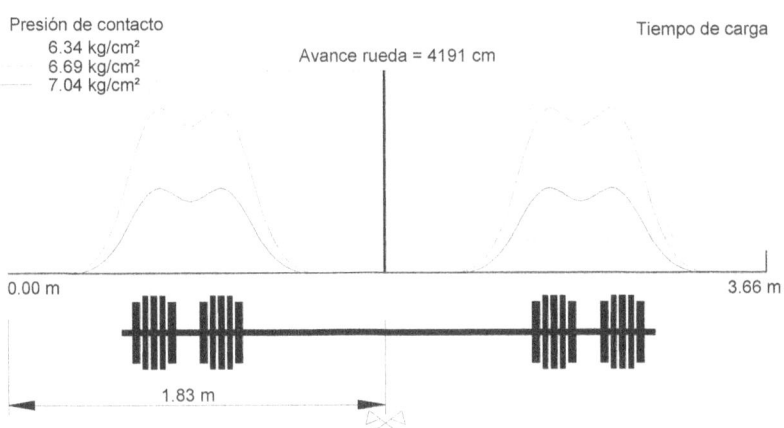

Fig. 2.11. Distribución de los diferentes niveles de tensión según la presión del neumático en un tiempo correspondiente a un avance de rueda de 41 m (WHITE, 2002).

1.2.6. Repetición de cargas

Aunque no es demasiado difícil determinar las cargas por rueda y por eje para un vehículo individual, llega a ser muy complicado establecer el número exacto de ejes de cada tipo que un firme en particular soporta durante su vida en servicio, ya que se tendría que contar para el tramo en estudio con una estación de aforo permanente y además realizarse aforos manuales de forma continua para caracterizar la distribución del tráfico sin margen de error.

La carga aplicada puede modelizarse como estática, móvil (dinámica), vibratoria o de impulso. Modelizar cargas móviles o dinámicas es mucho más complejo y requiere mayores esfuerzos de formulación y de cálculo.

Existen actualmente dos métodos básicos para caracterizar repeticiones de cargas:

- *Carga de eje equivalente*. De acuerdo con los resultados de los ensayos realizados por la *American Association of State Highway Officials*, AASHO (1961) el método más común es convertir las cargas transmitidas por los diferentes tipos de vehículo en un número de ejes equivalentes de carga conocida. La carga equivalente con más uso en los Estados Unidos es la carga equivalente por eje *Equivalent Single Axle Load* (ESAL) de 82 kN. En España la carga equivalente utilizada es de 128 kN.

- *Espectros de carga*. La guía AASHTO (2002) para el diseño y rehabilitación de estructuras de firme elimina el concepto de eje equivalente y determina las cargas directamente de las configuraciones y pesos de los ejes. Esto permite una caracterización más exacta del tráfico, pero se apoya en los mismos datos de entrada utilizados para calcular las ESAL. A menudo, los datos de los espectros de la carga se obtienen de estaciones de pesaje fijas y móviles.

Normalmente no se calculan sólo los ejes de carga equivalente o los espectros de carga, sino que se pronostica la vida de diseño del firme a proyectar. Esta información ayuda a determinar el diseño estructural en el caso de proyectos de reparación, variantes de trazado, etc., lo que se realiza considerando periodos de diseño de 10 a 50 años según el país y la normativa aplicada.

1.2.7. Distribución de tensiones producidas por las cargas

El tráfico rodado somete al firme, y por tanto a los materiales que lo constituyen, a un especial estado tensional que tiene su origen en las diferentes cargas dinámicas que originan los distintos tipos de vehículos que transitan por la carretera, y que son trasladadas a través de sus ruedas al pavimento, transmitiéndolas éste a su vez al resto del firme e incluso a la explanada donde se asienta.

El diseño mediante el conocimiento y el análisis del comportamiento mecánico de las distintas capas que componen el firme es sin duda un gran avance, que ha permitido pasar de los tradicionales métodos de diseño empíricos a métodos de diseño que utilizan modelos mecánicos, mucho más parecidos al comportamiento real de los materiales. Estos métodos constituyen lo que se ha dado en llamar *análisis de la teoría elástica multicapa*, que precisan tanto de un análisis teórico de todo el sistema como del cálculo de tensiones y deformaciones originadas por la aplicación de las cargas que provocan los diferentes tipos de vehículos al circular sobre el firme.

El patrón de tensiones aplicadas a un firme como resultado del tráfico que soporta es muy complejo, ya que un elemento de firme está sujeto a pulsos de carga que involucran componentes de tensiones normales y cortantes. Las tensiones son transitorias y cambian con el tiempo conforme la carga avanza, por ejemplo, la tensión cortante cambia de sentido cuando la carga pasa, provocando así una rotación de los ejes de tensiones principales (LEKARP, RICHARDSON y DAWSON, 1997).

En la Fig. 2.12 se muestra una sección longitudinal de las capas de un firme, sobre la que se mueve una carga a velocidad constante. Dependiendo del punto en que actúe una carga el estado tensional experimentado en un punto varía (GARNICA, GÓMEZ y SESMA, 2002).

Así, se puede distinguir que la carga actúe en el:
- Punto A: existen tanto tensiones cortantes como normales.
- Punto B: las tensiones cortantes son nulas y únicamente existen tensiones normales. En este punto se tiene un estado triaxial de tensiones.
- Punto C: el sentido de las tensiones cortantes es contrario a la dirección de las tensiones existentes cuando se aplica la carga en el punto A.

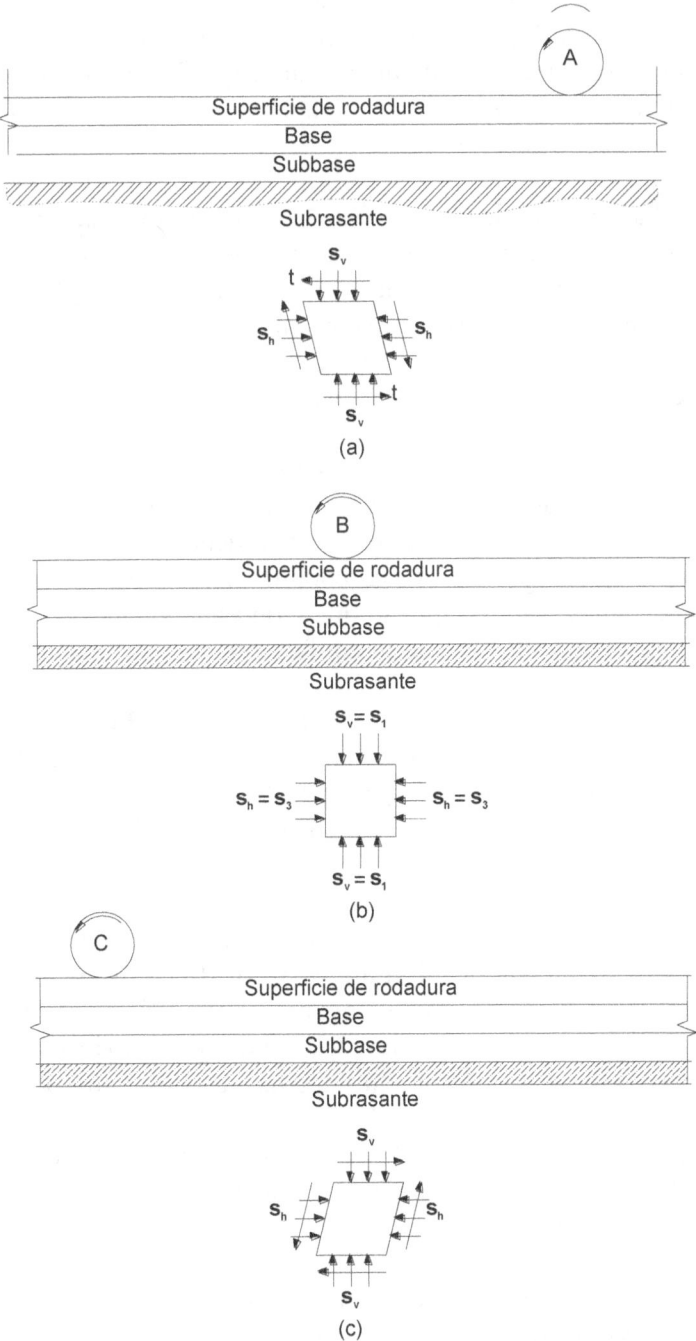

Fig. 2.12. Estado de tensiones en una sección longitudinal de un firme.

Los vehículos transmiten las cargas al firme a través de las ruedas, las cuales se han ido desarrollando de forma considerable a través de los tiempos hasta llegar a su configuración actual, en la que no sólo cumplen la misión de soportar al vehículo sino que transmiten la fuerza del motor y aseguran la dirección y el frenado.

La rueda ha sido uno de los inventos que más cambios ha sufrido desde sus comienzos, pasando desde las primeras de madera maciza (utilizadas en carros de transporte de mercancías) hasta las actuales, que son productos muy avanzados tecnológicamente y que cuentan con unas altas y específicas prestaciones (dependiendo de su uso: transporte de mercancías, viajeros, alta competición, etc.).

Las ruedas actuales se componen básicamente de una llanta (la parte metálica de la rueda) y de una cubierta (la parte que se apoya directamente sobre el pavimento transmitiendo todas las cargas al mismo). Están compuestas por un conjunto solidario de materiales con propiedades muy distintas, por lo que requieren un cuidadoso diseño y una gran precisión a la hora de su confección.

En origen, las ruedas no tenían cubiertas, pero debido al deterioro que sufrían al rodar se les incorporó una pequeña banda de rodadura de material más duro y resistente (por ejemplo, las cubiertas metálicas con las que cuentan las ruedas de madera de los carruajes).

Sin duda uno de los grandes avances que sufrieron las cubiertas fue gracias a Charles Goodyear, que en 1839 descubrió la vulcanización del caucho accidentalmente al volcar un recipiente de azufre en un recipiente que contenía látex. Pronto le encontró aplicación Robert William Thompson, que en 1842 patentó los primeros neumáticos, cubiertas construidas a base de caucho que dotaba de mayor comodidad a las carrozas tiradas por caballos, al absorber parte de las irregularidades del pavimento. En 1988 John Boyd Dunlop incorporó una cámara hinchable al neumático, constituyendo así la rueda para vehículos tal y como se conoce hoy en día.

Actualmente el neumático está integrado por un gran número de materiales, constituyendo un *material compuesto*. Así, entre los materiales más comunes que lo forman cabe citar: en la *carcasa*, tejido de rayón, nylon o poliéster; en la *banda de rodadura* y en los *laterales (flancos)*, caucho natural o caucho sintético, negro de humo y sustancias de vulcanización y protección contra el envejecimiento; en los *talones*, goma dura e hilos de acero; en el *revestimiento interior*, una mezcla de goma a base de butilo (caucho sintético).

Las cubiertas neumáticas existentes se pueden dividir básicamente en dos tipos distintos:

- Los neumáticos *con cámara*, en los que la resistencia viene dada por el conjunto de llanta (parte metálica de la rueda) y cubierta. La estanqueidad la proporciona la cámara, que está dotada de una válvula que permite regular el aire comprimido que se aloja en su interior. En la actualidad están en desuso.

- Los neumáticos *sin cámara* (compuestos únicamente por la llanta, la cubierta y una válvula). Aseguran resistencia y estanqueidad.

Asimismo, según el tipo de carcasas las cubiertas neumáticas se clasifican en dos tipos básicos:

- Cubierta *diagonal*, en la que la disposición de las cuerdas o cables es oblicua, presentando un ángulo que oscila entre 30° y 42° respecto del máximo desarrollo circunferencial de la cubierta.

- Cubierta *radial*, en la que la disposición de las cuerdas o cables es radial de un talón a otro de la cubierta, presentando un ángulo de 90° respecto de la banda circunferencial de la cubierta.

Según el uso al que se destine, el neumático debe tener unas características estructurales diferentes, así como una banda de rodadura distinta, por lo que dependiendo del neumático utilizado variará la forma de la huella producida y, por tanto, la transmisión de los esfuerzos y de las tensiones.

De este modo se pueden clasificar las cubiertas en diferentes tipos:

- Cubiertas *para carretera*. Son capaces de resistir tensiones de tracción constante y las temperaturas elevadas producidas debido a las largas distancias recorridas, así como a las altas velocidades alcanzadas. Dentro de este tipo de cubiertas se pueden encontrar diversas variantes, siendo destacables las cubiertas de los neumáticos para agua y nieve.

- Cubiertas *lisas*. Específicas para competiciones de alta velocidad, tales como Fórmula 1. Tienen alta resistencia y larga duración, aunque su capacidad para evacuar agua es prácticamente nula.

- Cubiertas *para fuera de carretera*. Presentan unas características especiales que confieren una tracción muy elevada al vehículo, así como una gran resistencia a los impactos. Se emplean, por ejemplo, en maquinaria para las obras públicas.

- Cubiertas *todo terreno*. Son utilizadas en vehículos destinados a trabajos mixtos. Deben reunir una serie de cualidades como conferir una tracción alta al vehículo, resistencia a cortes, adecuada adherencia a la carretera, buena capacidad de amortiguación y buena resistencia para cuando se carga el vehículo.

- Cubiertas *para aplicaciones agrícolas*. Deben conferir una tracción muy elevada al vehículo y cierta flexibilidad.

La forma que tienen los vehículos en circulación de transmitir las cargas al firme, y por tanto al pavimento, es un tanto especial, ya que en los vehículos en movimiento la forma de la huella varía. Además de los esfuerzos verticales producidos por el peso del vehículo, existen una serie de esfuerzos horizontales provocados tanto por el rozamiento como por cambios de trayectoria, curvas, pendientes, variaciones en los esfuerzos verticales debido a la presencia de baches y otros defectos en la capa de rodadura del firme (entre los que se puede incluir también la presencia de agua y la de hielo) que afectan a la suspensión del vehículo y transmiten esfuerzos al pavimento a través de la rueda.

Tanto la magnitud como el sentido de las cargas transmitidas es variable, dependiendo del estado de la capa de rodadura del firme, de la carga del vehículo, del número, tipo y características de sus ruedas, así como del movimiento oscilante de suspensión de éste que se manifiesta en forma de variación de la superficie y de la presión de contacto rueda-pavimento.

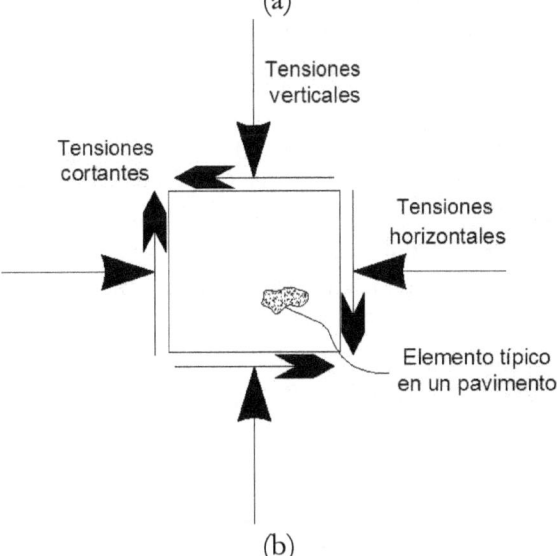

Fig. 2.13. Estado de tensiones en un firme debido al movimiento de una rueda cargada.
(GARNICA, GÓMEZ y SESMA, 2002).
(a) Rueda cargada en movimiento.
(b) Estado de tensiones.

Todas las tensiones que soporta el pavimento debido al tránsito de vehículos se pueden dividir en *tensiones perpendiculares* y *tensiones tangenciales*, siendo éstas últimas las soportadas por el pavimento y principalmente por sus capas superiores (capas de rodadura), que son básicamente los primeros 8-10 cm de MBC.

Por ello, la forma práctica con la que se resuelven estos problemas es proyectando capas de rodadura cuya resistencia a las tensiones cortantes sea suficientemente alta para garantizar que no se produzcan rupturas o deformaciones. El funcionamiento correcto del firme depende en gran medida de las propiedades mecánicas de los materiales.

En las Figs. 2.13 y 2.14 se pueden apreciar las tensiones horizontales, verticales y cortantes originadas por las cargas del tráfico respecto del tiempo. Así, en un vehículo en movimiento con más o menos carga, la transmisión de tensiones de una rueda al pavimento va variando con el tiempo, de modo que al avanzar la rueda mientras se produce un pulso positivo de la tensión vertical se produce otro positivo de la horizontal y dos pulsos de la tensión cortante (uno positivo y otro negativo), describiendo por tanto una onda sinusoidal completa.

Es destacable que coinciden en el tiempo los máximos de tensión vertical y horizontal y éstos a su vez con un valor de tensión cortante nulo, que se corresponde con el punto de cambio de signo de la tensión cortante. Cuando el paso de vehículos es constante, como suele ser habitual, el estado de tensiones descrito se repite secuencialmente.

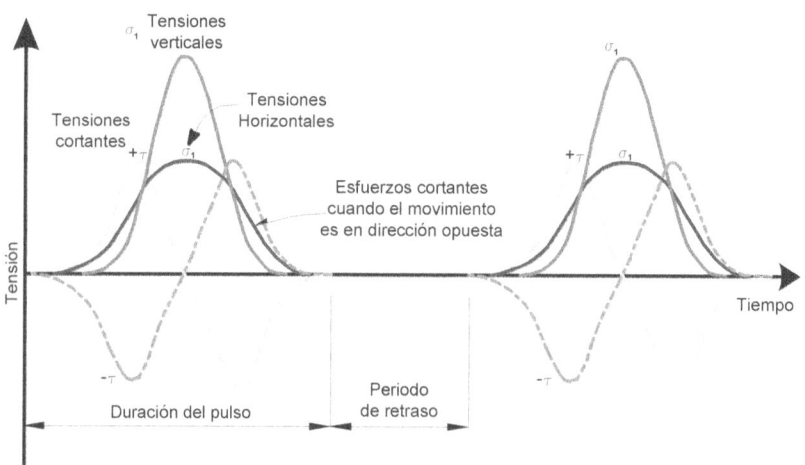

Fig. 2.14. Tensión *vs.* tiempo en un firme debido al movimiento de una rueda cargada (GARNICA, GÓMEZ y SESMA, 2002).

1.3. Agentes externos

Las agentes externos tienen un impacto significativo, tanto en los materiales que constituyen el firme como en el suelo subyacente. Dentro de los agentes externos que afectan al firme destacan como agentes naturales las variaciones de la temperatura, la acción de las heladas y de la humedad, y como agentes provocados por las labores de mantenimiento de la carretera los tratamientos con fundentes utilizados durante la época de vialidad invernal sobre los pavimentos (TINO *et al.*, 2011).

1.3.1. Variaciones de la temperatura

Debido a la dilatación y contracción que experimenta el firme con los cambios de temperatura, y especialmente a la excesiva contracción que experimenta en las épocas frías, se produce la aparición de grietas transversales (MUENCH, MAHONEY y PIERCE, 2003).

Las características reológicas de los firmes cambian con la temperatura (Fig. 2.15). De esta forma se pueden distinguir dos comportamientos básicos de las mezclas bituminosas: (i) las que presentan un flujo importante y una deformación excesiva son susceptibles de producir roderas; (ii) las que tienen un comportamiento más rígido son más propensas a la fatiga y al agrietamiento térmico.

La ciencia de la reología tiene cerca de 70 años y fue fundada por dos científicos, Marcus Reiner y Eugene Bingham, a finales de los años 20, con el interés de describir las propiedades del flujo y de la deformación de la materia. El término procede del griego *rheos* que significa fluir. La reología abarca el estudio de todos los materiales, desde gases a sólidos. Sin embargo, esta ciencia no se ha aplicado al diseño de los firmes desde siempre. Los sistemas de diseño más antiguos no tenían en cuenta los efectos de la temperatura, simplemente se utilizaban reglas de tipo empírico. Su uso no se extendió hasta el desarrollo de los modernos sistemas de análisis de materiales, en los que sí se tienen en consideración las variaciones de temperatura.

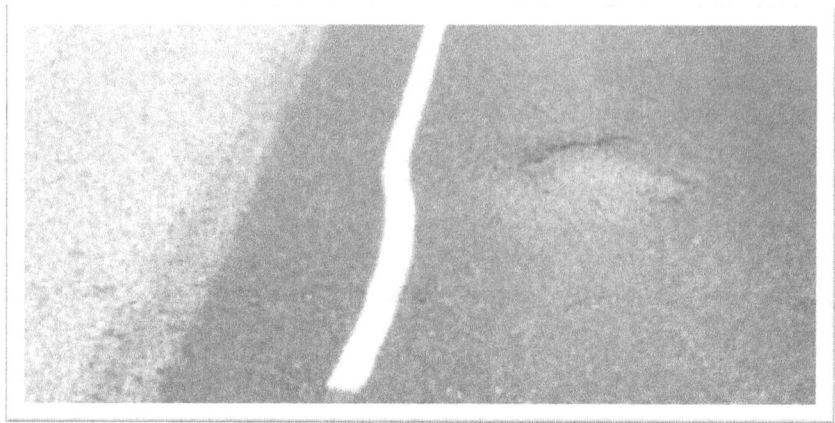

Fig. 2.15. Desplazamiento de un firme flexible debido a las altas temperaturas.

Con respecto al comportamiento reológico de las mezclas bituminosas, se debe tener en cuenta que para comparar diversas capas de firme no hay que emplear siempre una temperatura común de referencia. Además, para caracterizar completamente una capa de firme se deben examinar sus características reológicas a las diversas temperaturas a las que se va a ver sometida durante toda su vida. El estudio de la reología de los materiales bituminosos demuestra que su comportamiento es viscoelástico, función del estado tensional, del tiempo de aplicación de las cargas y de la temperatura.

Mientras que las capas de firme formadas por materiales granulares responden a las cargas de una forma cuasi-lineal de acuerdo al nivel tensional aplicado, a su densidad y su humedad, el comportamiento de las capas de firme construidas con materiales bituminosos en general no es lineal y depende en gran medida de las características del material de la capa subyacente, por lo que se han desarrollado diversos modelos teóricos de comportamiento de tipo elástico no lineal (BOYCE, 1980).

1.3.2. Acción del hielo

La acción del hielo puede ser muy perjudicial en los firmes. Existen dos mecanismos totalmente diferentes, pero relacionados entre sí, del daño producido por el hielo (TABOR, 1930):

- *Rotura por congelación.* El agua al congelarse aumenta su volumen, por lo que al producirse la congelación del agua acumulada en las capas sobre las que se apoya la mezcla bituminosa se produce un movimiento ascendente de las mismas (favorecido más aún por la formación de pequeños macizos de hielo), desencadenando la rotura de las capas de mezcla bituminosa (Fig. 2.16). Este fenómeno suele ocurrir en suelos que contienen partículas finas, siendo el grado de sensibilidad a la helada función principalmente del porcentaje de las mismas existente en las capas subyacentes.

- *Debilitamiento por deshielo.* Consiste en un debilitamiento del subsuelo (saturado de agua) como consecuencia del deshielo del agua que contiene, por lo que durante los periodos del deshielo puede producirse el caso de que algunas cargas que no dañarían normalmente un firme puedan ser muy perjudiciales.

En la Fig. 2.17 se puede apreciar la variación estacional de la deflexiones (desplazamiento vertical que sufre la superficie del firme al verse solicitado en un punto de apoyo por una determinada carga), de tal forma que se confirma que durante el invierno y el comienzo de la primavera el firme sufre en primer lugar una mejora de su comportamiento mecánico debido a la congelación, seguido de un posterior debilitamiento durante la época de deshielo que es recuperado una vez pasados los efectos de la época invernal.

Fig. 2.16. Daños producidos por ciclos hielo-deshielo.

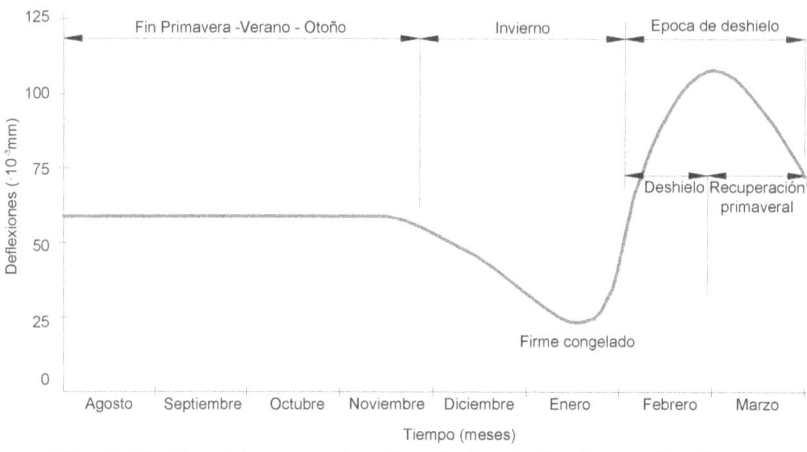

Fig. 2.17. Cambios estacionales de las deflexiones del firme (MUENCH, MAHONEY y PIERCE, 2003).

1.3.3. Acción de la humedad

La humedad afecta a los firmes de numerosas formas. Así, existen suelos altamente expansivos, por lo que al diseñar el firme se debe tener en cuenta este aspecto. También a la hora de la construcción es importante, ya que los suelos tienen un contenido óptimo de agua o de humedad con el que se mejora su compactación, obteniéndose las mayores densidades.

En la fase de explotación también es muy importante la humedad, pues un exceso de agua en el firme produce fenómenos de *aquaplaning* y el consiguiente riesgo para la seguridad vial. Las fuentes de humedad típicas son el agua de lluvia y el agua subterránea. El agua que aportan estas fuentes se elimina por medio del drenaje superficial y del drenaje profundo, así como de la selección de una rugosidad adecuada del pavimento que permita la evacuación del agua, de forma que se evite su interposición en la interfase neumático-pavimento.

1.3.4. Tareas de mantenimiento de la vialidad invernal

Tanto el agua (utilizada en tratamientos de mantenimiento para la limpieza del pavimento) como los fundentes para deshielo (bien en estado sólido bien en disolución en salmuera) afectan negativamente al comportamiento de las MBC. Por ello es importante diseñar el firme de modo que sea resistente a los citados agentes, además de emplearlos adecuadamente, ya que si se aplican en exceso acortan innecesariamente su vida útil (TINO *et al.*, 2011).

2. DISEÑO ESTRUCTURAL

El diseño estructural de los firmes (Fig. 2.18) constituye la aplicación práctica de la *mecánica de firmes*. Su objetivo es la definición de los tipos de materiales y cálculo de los espesores de las capas que los constituyen, siendo ambos aspectos los que determinan sus características estructurales. El diseño estructural persigue una optimización de la resistencia de la sección estructural con un coste global mínimo, que incluya los costes de construcción, conservación y rehabilitación, en el período de proyecto.

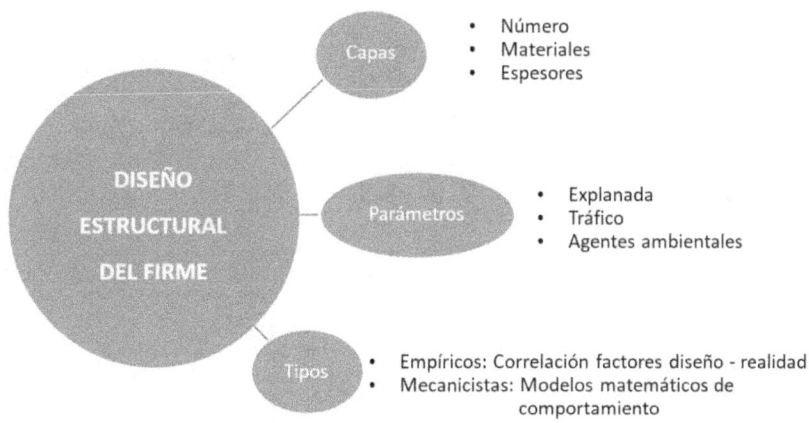

Fig. 2.18. Diseño estructural.

Hay diferentes formas de realizar este diseño estructural, dependiendo fundamentalmente del tipo de firme a utilizar. Así, si no están agrietados, los firmes flexibles pueden considerarse indefinidos en el plano horizontal, lo que supone un reparto más o menos gradual de las tensiones provocadas por el tráfico. Por otro lado, los firmes rígidos suelen estar formados por losas, que trabajan a flexotracción y absorben la práctica totalidad de las tensiones.

Los cálculos se basan principalmente en las tensiones de la carga del tráfico y en otras tensiones relacionadas con el ambiente (como por ejemplo la temperatura) con las que se diseñan las capas de firme necesarias.

Hoy en día existen básicamente dos tipos de método de diseño estructural de firmes flexibles: los empíricos, entre los que destacan el método desarrollado por la *Guide for Design of Pavement Structures* (AASHTO, 1993), en la guía para el diseño de estructuras de firmes; y los analíticos, entre los que destacan el método desarrollado en la *Guide for mechanical-empirical design* (AASHTO, 2002) y el desarrollado en la *Pavement Guide Interactive* por el *Washington State Department of Transportation's Pavement*, WSDOT (MUENCH, MAHONEY y PIERCE, 2003).

2.1. Métodos empíricos

Los métodos empíricos se basan en resultados obtenidos en múltiples ensayos, para correlacionar factores de diseño (periodo de proyecto, tráfico, capacidad de soporte de la explanada, clima, características de los materiales que componen las capas de firme, condicionantes constructivos, etc.), con el funcionamiento del firme en tramos de carreteras.

2.1.1. Método de la AASHTO

La aproximación más utilizada para interpretar el comportamiento de las capas del firme es el análisis de tensiones y deformaciones teóricas. La guía AASHTO (1993) para el diseño de las estructuras de firmes desarrolla uno de los métodos empíricos más conocidos, que se basa en el ensayo de la AASHO realizado entre 1958 y 1961 (AASHO, 1961) y los posteriores trabajos de investigación y calibración que se prolongaron hasta la fecha de publicación de la guía.

Se fundamentan en el cálculo del número estructural del firme o *Structural Number* (*SN*) función de los espesores y de la calidad de los materiales con que cada capa será construida, un número empírico que representa la capacidad estructural del conjunto del firme. Además se utilizan diversos parámetros, entre los que destacan:

- La capacidad de soporte, para lo que se calcula el módulo de resiliencia de la explanada y de las capas granulares del firme (M_R) por medio de correlaciones con la capacidad portante de los materiales de cada capa medida con el ensayo *California Bearing Ratio* (*CBR*) que mide la resistencia al esfuerzo cortante de un suelo.

- El índice de capacidad de servicio o *Present Servidability Index* (*PSI*).

$$PSI = 5.03 - 1.91 \cdot \log(1+SV) - 1.38 \cdot RD^2 - 0.01 \cdot (C+P) \cdot 0.5 \quad (2.11)$$

- El tráfico soportado en el carril y periodo de diseño (representado por el número de ejes equivalentes W_{18}).

- El error de predicción o desviación estándar (S_0), función de las posibles variaciones en las estimaciones del tráfico, tanto cargas como volúmenes, y del comportamiento del pavimento a lo largo de su vida de diseño.

- La confiabilidad del diseño (R) o grado de certidumbre de que las cargas de diseño no serán superadas por las cargas reales durante la vida de diseño, para lo que se seleccionará el factor de diseño deseado (*FR*), expresado por medio de su curva de Gauss o de distribución normal (Z_R).

La variación del *PSI* (Δ*PSI*) se calcula como la diferencia entre el índice inicial (*PSI₀*) que tiene el firme y el que se estima que va a tener al final de su periodo de diseño (*PSI_F*), siendo por tanto una predicción de la *clasificación de la capacidad de servicio o Present Servidability Rating* (*PSR*) del firme proyectado.

$$\Delta PSI = PSI_0 - PSI_F \quad (2.12)$$

El *PSI* depende de la varianza de la desviación de la pendiente longitudinal del firme respecto de la hipotética si no se hubieran producido deformaciones: mide la influencia de las deformaciones longitudinales (SV) que se producen en el firme, del promedio aritmético de las deformaciones transversales o ahuellamiento transversal (RD), de la superficie de firme ocupada por fisuras respecto al total de la superficie C y de la superficie de firme reparada respecto a la total P (Fig. 2.19).

De esta forma, la ecuación de diseño de firme de la AASHTO (1993), toma la siguiente forma para firmes flexibles:

$$\log(W_{18}) = Z_R \cdot S_0 + 9.36 \cdot \log(SN+1) - 0.20 + \frac{\log\left(\frac{\Delta PSI}{4.2-1.5}\right)}{0.40 + \frac{1094}{(SN+1)^{5.19}}} + 2.32 \cdot \log(M_R) - 8.07 \quad (2.13)$$

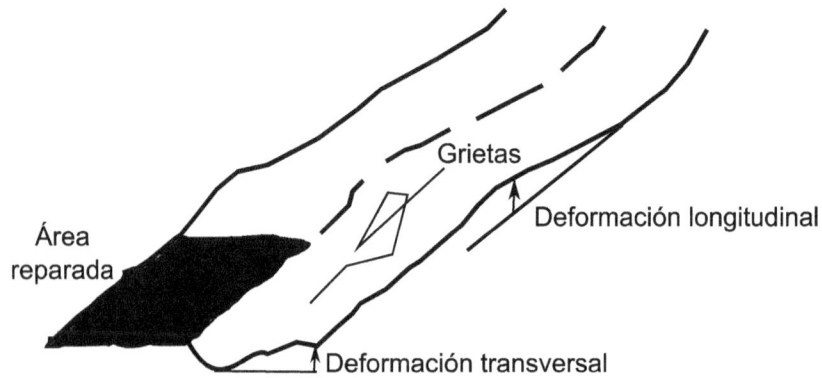

Fig. 2.19. Parámetros físicos del estado del firme.

$$SN = a_r \cdot e_r + a_b \cdot e_b + a_s \cdot e_s \quad (2.14)$$

De esta ecuación, por métodos iterativos, se obtiene el parámetro adimensional SN que expresa la resistencia estructural del firme en función de las condiciones de la explanada, las cargas soportadas (ejes equivalentes), la capacidad de servicio del firme, y las condiciones climatológicas (humedad y temperatura) y que se utiliza para calcular los espesores de las capas del firme (rodadura e_r, base e_b y subbase e_s) mediante los coeficientes estructurales de las capas de rodadura a_r, base a_b y subbase a_s (estos coeficientes, que expresan la capacidad de un material para formar parte de un firme determinado, se determinan de forma empírica mediante ensayos de correlación entre SN y los valores de los parámetros de cada capa).

2.1.2. Otros métodos

Existen catálogos de secciones estructurales desarrollados por algunos países (como Francia, Alemania y España) en los que se recogen soluciones propuestas para el diseño del firme en función a una serie de datos de partida (tráfico, tipo de explanada, materiales, etc.).

También se puede destacar el método del *Transport and Road Research Laboratory* de Reino Unido, TRRL (POWELL *et al.*, 1984), el de Shell (SHELL, 1978; 1985) y el del Instituto americano del asfalto (ASPHALT INSTITUTE, 1991).

Fig. 2.20. Tramos experimentales: The AASHO Road Test.

La correlación de los métodos empíricos se realiza con carreteras en servicio, tramos experimentales o pistas de ensayo. Los ensayos consisten en hacer circular de forma continua vehículos o carretones con una carga determinada sobre diversas secciones de firme de carretera y analizar tanto su respuesta ante las cargas, como la aparición y evolución de deterioros. Destacan así los ensayos realizados en las carreteras experimentales de Maryland (1949-USA), WASHO (1952-USA) y LARR (1957/58-ALEMANIA).

En cuanto a tramos experimentales destaca el ensayo de la AASHO (Fig. 2.20), cuya pista se muestra en la Fig. 2.21, realizado con vehículos pesados de carga controlada y cuyas conclusiones han servido para la mejora de los métodos de dimensionamiento de firmes (AASHO, 1961).

Por lo que se refiere a los estudios de carreteras en servicio, es necesario destacar el realizado en el Reino Unido en los años 50, así como el realizado en España durante la década de los 60 (Fig. 2.22).

En éste se emularon los estudios de tramos experimentales estadounidenses mediante un proyecto desarrollado entre los kilómetros 11 y 18 de la carretera N-II por el Laboratorio del Transporte y Mecánica del Suelo en colaboración con la Dirección General de Carreteras y Caminos Vecinales del Ministerio de Obras Públicas. Dicho ensayo fue un fracaso, por lo que se decidió no darle continuidad.

Fig. 2.21. Pista de ensayo de la AASHO. 1956-1962.

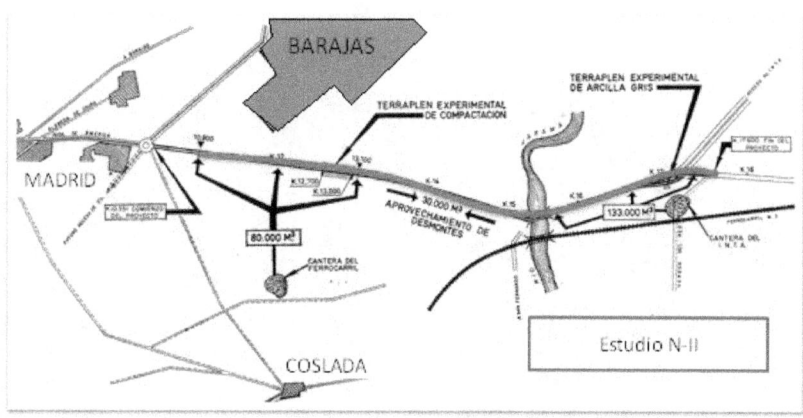

Fig. 2.22. Estudio N-II. España, década de los 60.

Posteriormente la escuela continental europea se decantó por la construcción y el desarrollo de pistas de ensayo a escala real, entre las que destacan la pista de ensayo circular francesa situada en Nantes perteneciente al *Laboratoire Central des Ponts et Chaussées* LCPC (Fig. 2.23) y la pista española perteneciente al Centro de Estudios de Carreteras CEDEX (Fig. 2.24), ambas en servicio actualmente.

Fig. 2.23. Pista de ensayos circular de LCPC.

Fig. 2.24. Pista de ensayos del CEDEX.

Es de reseñar que también se construyeron a mediados del siglo pasado pistas de ensayo en los países del este de Europa, siendo una de las más conocidas la pista construida en Bratislava por el Instituto de Investigaciones de Ingeniería Civil de la antigua Checoslovaquia (Fig. 2.25), con forma circular al igual que la pista francesa (KUCERA, 1967).

Fig. 2.25. Pista de ensayos circular de Bratislava.

2.2. Métodos mecanicistas

Se basan directamente en el cálculo de tensiones, deformaciones y desplazamientos producidos por la acción de las cargas del tráfico y por las variaciones climáticas. Estos métodos son capaces de relacionar el cálculo tensional, basado en las propiedades de los materiales determinadas en laboratorio, con el comportamiento de los firmes durante su vida en servicio.

- Modelo de respuesta. La mecánica es la ciencia del movimiento como consecuencia de la acción de las fuerzas. De esta forma, un acercamiento mecanicista al diseño de firmes intenta explicar los fenómenos que ocurren atendiendo a causas físicas. Estos fenómenos son las tensiones y las deformaciones dentro del firme, y las causas físicas por las que suceden son las cargas y las características del material que constituyen el firme. La relación entre estos fenómenos y sus causas físicas se establece con la ayuda de modelos matemáticos, siendo el más común el elástico. Existen diferentes modelos de respuesta: modelos probabilistas basados en la teoría de viabilidad de sistemas, modelos de regresión a partir de análisis de mediciones realizadas en ensayos a escala real, y modelos mecanicistas basados en una modelización mecánica de la estructura y de las cargas (son los más utilizados).

- Modelo de comportamiento. Se utilizan elementos empíricos para definir qué valores de las tensiones, deformaciones o desplazamientos dan lugar a fallos del firme. La relación entre los fenómenos que se producen en el firme y las causas físicas que los provocan se describe por medio de ecuaciones empíricas que tienen en cuenta el número de ciclos de carga que se producen. Los modelos más utilizados son los basados en las *leyes de fatiga*, aunque a veces se utilizan otros basados en deformaciones plásticas, en la evolución de las deflexiones (desplazamiento vertical que sufre la superficie del firme al verse solicitado en un punto de apoyo por una determinada carga), etc.

Para firmes flexibles se desarrolló a mediados del siglo XX la teoría multicapa (BURMISTER, 1945; PEUTZ, VAN KEMPEN y JONES, 1968) que se basa en el análisis de tensiones, deformaciones y deflexiones. En lo que se refiere al diseño de firmes de hormigón también se han desarrollado diversas teorías, destacando las de WESTERGAARD (1926; 1927) y BRADBURY (1938).

Los Estados Unidos han dado desde 1987 un fuerte impulso al desarrollo del dimensionamiento analítico y racional mediante el programa SHRP (KENNEDY *et al.*, 1994) cuyos resultados se han reflejado en lo que actualmente se conoce como *Superior Performing Asphalt Pavements* (*Superpave*).

Hay que reseñar el gran esfuerzo realizado por la AASHTO, que ha publicado su *Guide for mechanical-empirical design* (AASHTO, 2002) en la que se desarrolla un método que se denomina mecánico-empírico. Pese a su denominación, se puede considerar analítico, ya que evalúa el diseño estructural del firme nuevo o a rehabilitar mediante el estudio de las causas físicas (tráfico, materiales y medio ambiente) que originan los esfuerzos y las deformaciones a las que se encuentra o se va a encontrar sometido el firme. En este método, además de conocer las características de cada capa de firme (módulo de resiliencia, M_R y coeficiente de Poisson, υ) se tiene en cuenta su evolución con el tiempo mediante el estudio de la variación de la temperatura y de la humedad, para lo que se utiliza el modelo climático integrado mejorado o *Enhanced Integrated Climate Model* (EICM).

Por último, es necesario indicar las ventajas que tienen los métodos de diseño mecanicistas frente a los exclusivamente empíricos (MUENCH, MAHONEY y PIERCE, 2003):

- Se pueden utilizar tanto para la rehabilitación del firme existente como para nueva construcción.
- Utilizan distintos tipos de cargas, ya que éstas son variables.
- Se pueden caracterizar mejor los materiales, lo que permite:

  • Una utilización más adecuada de los materiales disponibles.
  • Comodidad en la construcción con nuevos materiales.
  • Definición más completa de las características de cada capa del firme.

- Utilizan las características materiales, que se relacionan mejor con el funcionamiento real del firme.
- Proporcionan predicciones más precisas del funcionamiento del firme.

- Definen más correctamente los métodos de construcción.
- Tienen en cuenta los efectos ambientales y el envejecimiento de los materiales.

2.2.1. Modelos de respuesta

Se utilizan para modelizar matemáticamente la respuesta del firme. Hoy en día existen diversos tipos, destacando los elásticos en 2D y los realizados en 3D con el método de los elementos finitos (MEF).

(i) Modelo elástico 2D por capas

Un modelo elástico por capas tiene en cuenta las tensiones y los desplazamientos en cualquier momento en cada capa del firme como resultado de la acción de cargas superficiales. Los modelos elásticos en 2D asumen que cada capa estructural del firme es homogénea, isótropa y tiene un comportamiento elástico lineal, es decir, su deformación es igual en todo el material y volverá a su geometría original una vez que cese la carga. El origen de la teoría elástica en 2D es debida a BOUSSINESQ (1885) y aún sus fórmulas siguen siendo ampliamente utilizadas en mecánica del suelo.

(ii) Modelo elástico 3D basado en el MEF

El MEF es una técnica de análisis numérico que permite obtener soluciones aproximadas para una variedad amplia de problemas en la ingeniería. Aunque está concebido originalmente para estudiar tensiones en las estructuras, se ha ampliado su uso y se ha aplicado en diversos campos de la mecánica de medios continuos.

El firme es un complejo material multifase cuyo comportamiento mecánico se conoce solamente de forma aproximada debido a las complejas interacciones existentes, tanto entre las distintas capas que lo componen como entre los elementos constituyentes de cada una de ellas. Sin embargo, con el MEF, se puede dividir un volumen continuo (como el de un firme) en pequeñas porciones discretas y obtener así una solución numérica aproximada para cada porción individual, lo que proporcionará una solución para el volumen total del firme. Hasta hace pocos años era impensable afrontar estos cálculos, ya que son muy laboriosos y requieren un gran número de horas, pero hoy en día, gracias al avance de la informática y al aumento de la velocidad de cálculo de sus procesadores se pueden afrontar sin ningún problema.

En el análisis mediante el MEF de un revestimiento de firme flexible la región de interés (el firme y su base de apoyo) se divide en un número discreto de elementos a partir de la zona en la que las ruedas transmiten las cargas. Se tienen así situadas las cargas justo encima de la región a analizar. Los elementos finitos se extienden horizontalmente y verticalmente desde la rueda para incluir todas las zonas de interés dentro de la zona de influencia de la rueda.

Desde los años 80 se vienen utilizando diversos programas de elementos finitos en 3D para ingeniería estructural, como por ejemplo EverFlex (WU, 2001). Todos estos programas tienen la capacidad de analizar diferentes modelos de aplicación de las cargas, incluyendo las de tipo estático, las dinámicas en régimen permanente, las producidas por impacto y las móviles.

Los resultados que se obtienen con el MEF son similares a los que se obtienen por medio de modelos elásticos bidimensionales, pero además MEF permiten realizar representaciones gráficas muy detalladas de los resultados.

2.2.2. Modelos de comportamiento: criterios de fallo

Los datos empíricos utilizados en estos modelos son principalmente las leyes de comportamiento obtenidas en el cálculo del número máximo de ciclos de carga que soporta el firme antes del fallo. Estas leyes se obtienen analizando el funcionamiento del firme y relacionando el tipo y grado de fallo observado con las tensiones producidas por una o varias cargas. Actualmente, existen tres tipos de criterios de fallo de utilización habitual: el *criterio de fallo por fatiga* (producción de *grietas por fatiga*), el *criterio de fallo por deformación plástica permanente* (que suele desembocar en la formación de *roderas*) y el *criterio de fallo por pérdida de la capacidad estructural* (evaluada por medio de las medida de las deflexiones, es decir, de los desplazamientos de la superficie en el punto de apoyo de la carga).

Es necesario tener en cuenta que estos criterios de fallo empíricos deben adecuarse a las condiciones locales de utilización, no siendo generalizables a escala universal, sino que es necesario particularizarlos para casos concretos.

(i) Criterio de fallo por fatiga (grietas por fatiga)

Habitualmente los fenómenos de fatiga se han relacionado con el continuo paso de vehículos pesados, principalmente por ser éstos los que transmiten al firme cargas más elevadas. El fallo por fatiga se ha asociado siempre a un número elevado de repeticiones de carga, pero no hay que olvidar que también influye el plazo transcurrido desde la puesta en servicio y el envejecimiento del ligante, así como el resto de condiciones de contorno a los que está sometido el firme durante su vida en servicio.

Fig. 2.26. Firme cuarteado en malla gruesa

La fisuración por fatiga se puede mostrar como un agrietamiento o un cuarteo del firme, que puede verse incrementado por el despegue entre capas de mezcla bituminosa. El despegue puede deberse a una incorrecta aplicación de los riegos, a una mala selección de la dotación o a una mala selección del tipo de riego que hace que el firme no presente las características mecánicas suficientes para el tráfico que soporta. Estas fisuras pueden aparecer a todo lo largo y ancho de la calzada, tal y como se puede apreciar en las Figs. 2.26 y 2.27.

Fig. 2.27. Firme cuarteado en malla fina (piel de cocodrilo).

Las filtraciones de agua aceleran la *desenvuelta* de los áridos, provocando el ensanchamiento de las fisuras y agravando el debilitamiento y desprendimiento de los materiales. La fisuración por fatiga habitualmente está acompañada por efectos secundarios ligados a la degradación progresiva de las capas de mezcla y de las capas subyacentes, llegando incluso a la explanada. Cuando el drenaje de la calzada es defectuoso (en especial en zonas frías) la acción hielo/deshielo acentúa los efectos negativos en el firme, produciendo despegues e hinchamientos entre capas y desembocando finalmente en fisuración por fatiga.

Se han desarrollado muchos criterios para estimar para un determinado nivel de carga el número máximo de ciclos de carga que soporta un firme (N) antes de que se produzca su fallo por fatiga (N_f). La mayor parte de estos criterios utilizan la deformación horizontal permanente (ε_t) en el fondo de la capa de firme de MBC y su módulo elástico (M_E).

Las grietas por fatiga se propagan normalmente de abajo a arriba. Sin embargo, a finales de los años 90 se empezó a considerar un segundo modo de iniciación y propagación: el agrietamiento desde arriba hacia abajo. Hay tres teorías básicas sobre la causa de la propagación de las grietas de esta manera (MUENCH, MAHONEY y PIERCE, 2003) aunque probablemente la causa real es una combinación de las tres:

- Grandes deformaciones horizontales superficiales, que se producen debido al paso de neumáticos (neumáticos anchos y altas presiones de hinchado pueden ser sus causas principales).

- Envejecimiento de los materiales que integran las capas del firme, dando como resultado altas deformaciones de origen térmico (causa de las grietas transversales observadas).

- Baja rigidez de la capa superior del firme, a causa de las altas temperaturas superficiales.

Al aplicar los criterios de fallo por fatiga a los diversos materiales que integran las capas del firme se obtienen las correspondientes *leyes de fatiga* de cada material.

La comparación del valor admisible del número de aplicaciones de la carga tipo con el tráfico esperado requiere establecer la equivalencia entre el espectro *real* de cargas que constituye dicho tráfico y el número virtual de aplicaciones de dicha carga tipo que produciría el mismo daño en el firme.

Según lo que se deduce de los ensayos de la AASHO (AASHO, 1961) un eje simple de peso L_i equivale a un número de ejes simples de peso L_0 dado por la expresión:

$$\left(\frac{L_i}{L_0}\right)^{\alpha} \tag{2.15}$$

donde α depende del tipo de firme, siendo en general tanto mayor cuanto más rígido sea éste. Así, el ensayo de la AASHO para firmes flexibles α toma un valor de 4, mientras que para firmes semirrígidos toma un valor de 8 y para rígidos uno de 12. De la misma forma, la carga de un eje tándem de peso Q_j equivale a un número de ejes simples de carga L_0 dado por la siguiente expresión:

$$\beta\left(\frac{Q_j}{2P_0}\right)^{\alpha} \tag{2.16}$$

considerándose un valor de 2.5 para β en firmes rígidos y de 1.4 para el resto de firmes.

Según la AASHTO (2002), para una MBC el daño total por fatiga D ocasionado por un conjunto de cargas aplicadas n_i veces cada una de ellas es:

$$D = \sum f_i n_i = \sum \frac{n_i}{N_i} \qquad (2.17)$$

siendo $f_i = 1/N_i$ el grado de fatiga producido por una única aplicación de una carga.

Esta ecuación es la *Ley de Miner*, en la que se considera que la suma de las porciones de daño producidas por cada bloque de carga (con amplitud constante) es el daño total D en el final del período de diseño. Esta ley tiene una serie de inconvenientes de tipo conceptual en su aplicación, ya que considera la conmutatividad del daño producido por cada carga y no contempla la existencia de umbrales en la propagación en fatiga. También debe tenerse en cuenta que no se refleja en la *Ley de Miner* la influencia de la tensión media, apareciendo sólo la amplitud de la oscilación (ELICES, 1998); y en algunos materiales la vida depende además del nivel de carga alrededor del cual oscila la tensión (la vida suele ser más corta cuanto más alto sea el nivel medio de tensión).

(ii) Criterio de fallo por deformación plástica permanente (roderas)

Las MBC son materiales que se pueden considerar elástico-lineales a temperaturas bajas y frecuencias de carga altas, pero muestran propiedades viscoplásticas a temperaturas elevadas (GARNICA, GÓMEZ y SESMA, 2002). Debido a este comportamiento, el espectro de cargas repetidas producidas por el tráfico genera deformaciones permanentes en las capas de MBC, especialmente durante el periodo de verano. A esta deformación permanente provocada por las cargas del tráfico en un firme es a lo que se denomina comúnmente *roderas*.

Dependiendo de la magnitud de las cargas y de las características mecánicas de las capas que constituyen el firme, la deformación permanente puede darse en el subsuelo, en la base, o en las capas superiores de la MBC con el fin de evitar la formación de roderas es necesario estudiar el comportamiento de cada una de las capas que componen el firme para conocer las contribuciones relativas de las mismas a la deformación permanente total. De este modo, en capas constituidas por MBC las deformaciones permanentes dependen tanto de la composición de la propia MBC como del tipo de ligante bituminoso utilizado, de la forma y tamaño de las partículas, de la calidad de los áridos y de la calidad de los aditivos.

La temperatura del firme durante su fase de explotación, especialmente la de las capas construidas con MBC, afecta también de forma decisiva a la deformación permanente. No sólo es importante tener presente en su diseño la temperatura máxima, sino que también lo son tanto los gradientes de temperatura como la temperatura mínima a la que va a estar la mezcla, para evitar someter a los materiales a temperaturas fuera de su rango de trabajo teórico, especialmente a los ligantes tipo betún, que tienen rangos de temperatura de trabajo muy definidos y son muy sensibles a los cambios. Por tanto es necesario tener en cuenta la conductividad térmica de la mezcla para ver el grado de afección de la temperatura a la deformación permanente.

Otros factores que afectan a la deformación permanente de las MBC son:
- El ancho de los carriles de circulación. Cuanto más estrechos, menores dispersiones en el trazado de la circulación de los vehículos, por lo que hay más concentración de cargas en cada punto, favoreciendo de este modo la deformación plástica permanente. Como es obvio, si existen roderas, al circular los vehículos por ellas la deformación se ve favorecida por su profundidad.
- La velocidad de circulación. Cuanto más baja, menor frecuencia de aplicación de las cargas existe y por lo tanto se favorece la aparición de deformaciones permanentes.

Existen dos tipos de roderas: roderas por fallos de las capas inferiores del firme (no constituidas por mezclas bituminosas, Fig. 2.28) y roderas por fallos en las capas superiores del firme (constituidas por mezclas bituminosas, Fig. 2.29).

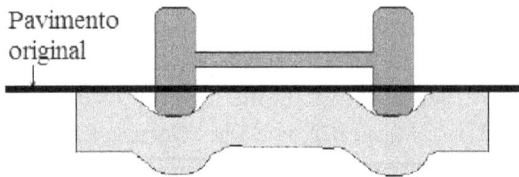

Fig. 2.28. Roderas por fallos en las capas inferiores del firme

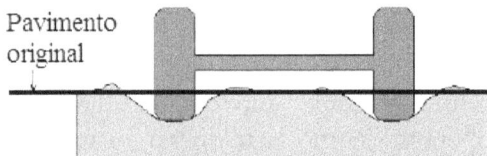

Fig. 2.29. Roderas por fallos en las capas superiores del firme

La evolución de las deformaciones permanentes se puede dividir en tres fases bien diferenciadas:
- Una primera fase de consolidación de los materiales.
- Una segunda fase donde las deformaciones permanentes van decreciendo progresivamente hasta hacerse prácticamente constantes.
- Una tercera fase donde las deformaciones permanentes se aceleran notablemente indicando el fin de la vida útil del firme.

Las capas responsables de la deformación plástica se pueden identificar fácilmente mediante un análisis de la forma del perfil superficial del firme, midiéndolo de forma transversal a la calzada, lo que es mucho más fácil y económico que realizar catas o zanjas para evaluar cada una de las capas que lo componen.

Los lugares donde normalmente se producen las roderas son aquellos que cuentan con más tráfico pesado, lo que suele coincidir con el carril lento en tramos de pendiente. Además, un gran tiempo de exposición a elevadas temperaturas contribuye de forma decisiva a la formación de roderas, por lo que éstas suelen producirse (o evolucionar) en mayor medida en verano.

(iii) Criterio de fallo por pérdida de la capacidad estructural

La capacidad estructural del firme de una carretera no se puede medir directamente, pero puede calcularse a partir de la información que aporta el cuenco de la deformación generada por la aplicación de una carga sobre el firme. Por tanto se puede decir que una de las maneras de establecer la capacidad portante de un firme viene determinada por la deformación vertical que sufre al verse solicitado por una determinada carga. Esta deformación se denomina flecha (por analogía con la deformada de una viga bajo una carga aplicada) o deflexión. Por tanto, el valor de la deflexión marcará la capacidad del firme en cuanto a su resistencia a la deformación producida por las cargas.

La medida de las deflexiones tiene como objetivos esenciales, según la Acción COST 325 (1997) desarrollada por la Unión Europea:

- Investigación de necesidades de rehabilitación.
- Obtención de módulos de rigidez de las diferentes capas del pavimento.
- Cálculo de la vida residual de un pavimento.
- Evaluación de la capacidad estructural.
- Auscultación *in situ* de la resistencia de tramos de una red de carreteras.
- Establecimiento de prioridades para la rehabilitación de carreteras.
- Auscultación de la resistencia de cada capa durante la construcción.
- Planificación de la conservación estructural.

La deflexión es función directa de los distintos módulos elásticos de los componentes del firme (no se comporta igual una viga de hormigón armado que una de acero), por lo que no son comparables las deflexiones de firmes flexibles con las deflexiones de firmes rígidos. La obtención del valor de una deflexión es función de diversas condiciones, como por ejemplo las características de la carga aplicada, la temperatura del pavimento bituminoso y la humedad de la explanada.

Desde los años 40 se han desarrollado diversos criterios de fallo basados en las deflexiones. De entre ellos pueden destacarse el criterio de la *Highway Research Board* (AASHO, 1961) y el criterio de la *Roads and Transportation Association of Canada* (RTAC, 1977). El criterio de fallo utilizado en el diseño del firme es muy importante, ya que con él se determina el espesor a utilizar para un nivel de tráfico dado. Es necesario tener en cuenta que en la realidad unos criterios de fallo prevalecen sobre otros, dependiendo de una serie de variables como el nivel del tráfico, el grosor de la capa, etc.

Por lo que respecta a la normativa española, la instrucción 6.3 IC (MINISTERIO DE FOMENTO, 2003a) relaciona la capacidad estructural de un firme con unos valores límite de deflexión que caracterizan su agotamiento estructural para las distintas categorías de tráfico soportado, según la naturaleza de dicho firme (flexible, semiflexible o semirígido).

De este modo se fijan unos umbrales del valor puntual de la deflexión patrón para los que se considera que el agotamiento estructural afecta a la explanada (lo que conlleva una actuación de rehabilitación sobre la misma) y unos umbrales del valor puntual de la deflexión patrón para los que se considera que dicho agotamiento estructural implica que el firme tiene una vida residual insuficiente, y por tanto es necesario actuar sobre él de forma preventiva, sustituyéndolo (fresado y reposición) y extendiendo una nueva capa de firme si fuese necesario, lo que dependerá del valor de la deflexión obtenida en cada punto.

Además, la norma marca un sistema de medición de deflexiones para evitar dispersiones por la utilización de distintos procedimientos que podrían llevar a interpretaciones erróneas. Fija como deflexión patrón normalizada la obtenida con la viga Benkelman según el método de recuperación elástica del firme (medida de la recuperación elástica de la superficie del firme al retirarse un par de ruedas gemelas de un eje tipo simple): NLT-356. *Medida de las deflexiones de un firme mediante el ensayo con viga Benkelman* (CEDEX, 1992-2000). La viga Benkelman es un deflectómetro estático simple que permite leer la deformación del firme al aplicar carga sobre el extremo de la misma.

3. DISEÑO DE LA MEZCLA

Mediante la dosificación adecuada de los distintos componentes de la MBC se intentan alcanzar las mejores características en el producto final colocado en obra (ROBERTS *et al.,* 1996). Para ello, se tienen en cuenta los siguientes parámetros (Fig. 2.30):

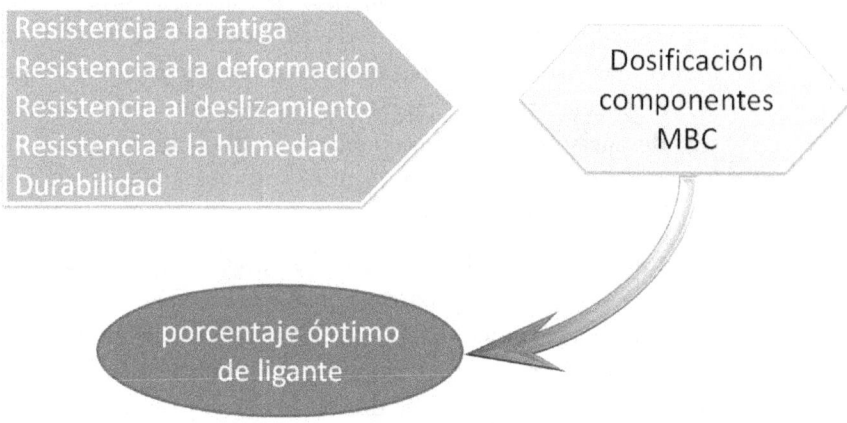

Fig. 2.30. Diseño de la mezcla.

(i) Resistencia a la fatiga

Las MBC, sometidas a las cargas repetidas del tráfico, deben permanecer sin grietas durante un cierto plazo de tiempo. Este agrietamiento por fatiga de las MBC se relaciona con la composición y la rigidez de las capas del firme. El contenido óptimo de ligante o de betún se determina con el diseño de la mezcla, y debe ser el suficiente para prevenir un agrietamiento excesivo por fatiga. Por último, es necesario tener en cuenta que la resistencia a fatiga de la mezcla depende de la relación entre el espesor de la capa y las cargas aplicadas.

(ii) Resistencia a la deformación (estabilidad)

Las MBC no deben deformarse formando roderas bajo las cargas del tráfico. Esta deformación (producto de la falta de rozamiento interno en la mezcla) se encuentra relacionada con:

- Esqueleto mineral inadecuado:
    • Características de la superficie de los áridos. Las partículas redondeadas tienden a deslizarse unas sobre otras por efecto de las cargas a que están sometidas las MBC que como consecuencia se deforman. Las partículas angulares en la mezcla evitan estas deformaciones, ya que aumentan el rozamiento interno entre ellas. También crece el rozamiento interno del esqueleto mineral si las partículas son superficialmente ásperas y si la proporción de huecos es menor (las MBC presentan una mayor densidad), por lo que la compactación es un factor muy importante. Si los áridos son demasiado blandos se pueden producir distorsiones de la mezcla debido a su rotura, por lo que se suele exigir una dureza mínima en los áridos.
    • Granulometría de los áridos. La gradación de tamaño excesiva de los áridos (natural o causada por la abrasión de los mismos) produce distorsiones en las MBC debido a que una cantidad grande de partículas finas tiende a desplazar a las partículas más grandes, alterando el comportamiento del conjunto. Además, el exceso de finos aumenta demasiado la superficie específica, por lo que pueden existir problemas de cohesión al no llegar a cubrirse todas las partículas con ligante (la cohesión de la MBC se confía exclusivamente al ligante, ya que ésta entre partículas de árido se puede considerar despreciable). Por todo ello, se establecen una serie de husos granulométricos que limitan el contenido, tanto máximo como mínimo, de cada fracción de áridos en las MBC.

- Ligante (betún) inadecuado:
    • Contenido de betún. El exceso de contenido de betún tiende a lubricar y a segregar las partículas de áridos, aumentando así su deformación bajo cargas, por lo que se suele fijar un contenido óptimo de betún.
    • Viscosidad de la capa de MBC a altas temperaturas. En los meses calurosos del verano la viscosidad de la capa de MBC es menor, por lo que el firme se deforma más fácilmente bajo carga (es decir, que debido a la excesiva susceptibilidad

térmica del betún su consistencia baja muy bruscamente cuando sube la temperatura), siendo por tanto necesario fijar una viscosidad mínima de la capa a alta temperatura.

En España se ha comprobado que las roderas de gran tamaño se producen principalmente sobre firmes flexibles que presentan un alto contenido de betún y una mala envuelta de los áridos, o porcentajes de huecos insuficientes (un 4% suele considerarse el valor mínimo para prevenir roderas, de manera que con un 3% o un valor menor la aparición de roderas es casi segura). También pueden aparecer en los casos de firmes realizados sobre una explanada de escasa capacidad portante o con mal drenaje.

(iii) Durabilidad

Las MBC no deben tener envejecimiento excesivo durante su vida útil. Su durabilidad se relaciona con:

- El espesor de la película de betún o de *mastic* alrededor de cada partícula de árido. Si el espesor que rodea a las partículas de árido es escaso es posible que pueda llegar a entrar agua a través de los poros de la película, por lo que si el árido es hidrófilo (cuanto más contenido en sílice, más ácidos y más hidrófilos), el agua desplazará a la película de betún y la adhesividad árido-betún se perderá.

- Los huecos. Un porcentaje de huecos excesivo (igual o mayor al 8%) aumenta la permeabilidad de las MBC y el acceso del oxígeno, lo que acelera la oxidación y la volatilización. Una cantidad excesiva de huecos en las mezclas suele deberse a un mal diseño de la misma o bien a un problema durante la fase de construcción.

(iv) Resistencia a la humedad

Las MBC no deben degradarse por la humedad. Su resistencia a los daños por la humedad se relaciona con:

- Las características mineralógicas y químicas de los áridos. Algunos áridos atraen la humedad a su superficie, lo que puede causar el despegue del betún.

- Los huecos. Cuando los huecos en las mezclas exceden el 8% del volumen pueden interconectarse y permitir que el agua penetre fácilmente, causando daños por humedad, por la presión de poros de agua o por la extensión del hielo.

La medida de la resistencia a tracción, antes y después de someter el material a la acción del agua (mediante la inmersión de la probeta en un baño durante un tiempo suficiente para que la humedad llegue a toda su masa), puede dar cierta idea de su susceptibilidad a la humedad. Si la resistencia a tracción del material afectado por el agua es relativamente alta (comparada con la que presenta el material seco) se considera que la MBC tiene una resistencia a la humedad asumible.

Se define la relación entre la resistencia a tracción de la muestra seca S_1 y la resistencia a tracción de la muestra mojada S_2, *tensile strength ratio* (TSR), como:

$$TSR = \frac{S_2}{S_1} \qquad (2.18)$$

ROBERTS *et al.* (1996) proponen que $TSR \geq 0.70$.

El ensayo más utilizado para medir la resistencia a tracción es el de tracción indirecta, que emplea el mismo dispositivo de ensayo que el ensayo de carga repetida diametral, e intenta reproducir el estado de tensiones en la superficie inferior de la capa de MBC (zona que está sometida a esfuerzos de tracción cuando se aplican sobre la capa de MBC las cargas procedentes del tráfico de vehículos). Consiste en cargar una probeta cilíndrica con una carga de compresión diametral a lo largo de dos generatrices opuestas. Esto provoca una tensión de tracción relativamente uniforme en todo el diámetro del plano de carga vertical y la rotura por este plano diametral (Fig. 2.31), obteniéndose así la resistencia a tracción o carga de rotura de la probeta. Este ensayo se describe en la norma AASHTO T 322-03 *Determining the Creep Compliance and Strength of Hot-Mix Asphalt (HMA) Using the Indirect Tensile Test Device* (AASHTO, 2006), así como en la norma UNE-EN 12697 (AENOR, 2011).

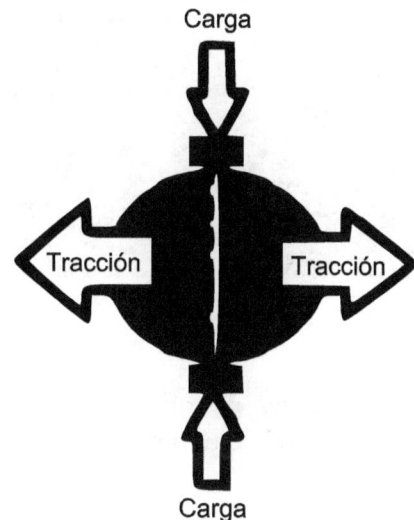

Fig. 2.31. Ensayo de tracción indirecta.

(v) Resistencia al deslizamiento

Las MBC deben proporcionar la suficiente fricción al contacto con el neumático de un vehículo. La baja resistencia al deslizamiento se relaciona generalmente con:

- Las características de los áridos, tales como textura, forma, tamaño y resistencia al pulimento. Los áridos lisos, redondeados o pulidos son más propensos al deslizamiento.

- El contenido de betún. Un excesivo contenido de betún puede provocar deslizamiento por *sangrado* (exceso de betún en la superficie), como se observa en la Fig. 2.32.

Fig. 2.32. Sangrado de las zonas de rodada por exceso de betún en la mezcla bituminosa.

3.1. Métodos basados en la superficie específica del árido

Los métodos basados en la superficie específica del árido se fundamentan en la estimación del peso de betún necesario para cubrir la superficie de los áridos. Este problema se puede complicar si se tiene en cuenta la influencia de diversos factores que caracterizan los materiales constituyentes de las MBC: naturaleza, rugosidad superficial, forma, densidad relativa, absorción, etc.

Estos métodos tienen un gran carácter empírico, por lo que los resultados son buenos si el conocimiento de los materiales a emplear también lo es. Son por tanto métodos sencillos y rápidos pero imprecisos; aspecto que no es importante para mezclas abiertas pero sí para mezclas cerradas, ya que son muy sensibles a la variación del contenido de betún. Dentro de estos métodos destacan el Duriez, el Belga, el del Instituto Americano del Asfalto y el CKE o equivalente centrífugo de keroseno (LOMA, 1996).

3.2. Métodos basados en ensayos mecánicos

Estos métodos también tratan de determinar el contenido óptimo de betún en una mezcla específica de áridos. La forma de proceder en todos ellos es similar: una vez seleccionados los materiales a utilizar se fabrican una serie de probetas con distinta proporción de betún y se obtienen las relaciones entre el porcentaje de betún y otros factores tales como resistencia, deformación, contenido en huecos, etc. Del estudio de estas relaciones se obtiene el porcentaje óptimo de ligante.

Estos métodos son más lentos y complejos que los basados en la superficie específica del árido, pero más precisos, por lo que se suelen utilizar para mezclas cerradas al ser muy sensibles a la variación del contenido de betún. Dentro de estos métodos destacan el Hveem, el Hubbard-Field, el Marshall y el *Superpave* (LOMA, 1996).

REFERENCIAS

AASHO (1961)
Interim Design Guide by American Association of State Highway Officials.
Highway Research Board, Washington D.C.

AASHTO (1993)
Guide for Design of Pavement Structures.
Highway Research Board, Washington D.C.

AASHTO (2002)
Guide for mechanical-empirical design.
Highway Research Board, Washington D.C.

AASHTO (2006)
Provisional Standards.
Highway Research Board, Washington D.C.

AENOR (2011)
Catálogo de Normas UNE.
Asociación Española de Normalización y Certificación, Madrid.

ARRIAGA, P.M., GARNICA, A.P. (1998)
Diagnóstico de las Características Superficiales de los Pavimentos, Publicación Técnica 111. Instituto Mexicano del Transporte, Sanfandila.

ASPHALT INSTITUTE (1991)
Thickness Design Asphalt Pavement for Highways & Streets.
Asphalt Institute, Lexington.

BAKER, I.O. (1903)
Roads and Pavements.
John Wiley and Sons, New York.

BARKSDALE, R.D. (1971)
Compressive Stress Pulse Times in Flexible Pavements for Use in Dinamic Testing.
Highway Research Record 345, Washington DC.

BOUSSINESQ, J. (1885)
Application Des Potentiels a L'étude de L'équilibre, et du Mouvement des Solides Élastiques avec Notes Sur Divers Points de Physique Mathématique et D'analyse.
Gauthier-Villars, Paris.

BOYCE, J.R. (1980)
A non-linear model for the elastic behavior of granular materials under repeated loading. *International Symposium on Soils Under Cyclic and Transient Loading,* Swansea, **1**, 285-294

BRADBURY, R.D. (1938)
Reinforced Concrete Pavement.
Wire Reinforced Institute, Washington DC.

BURMISTER, D.M. (1945)
The General Theory of Stresses and Displacements in Layered Systems.
Columbia University, New York.

CAPA (2000)
Guideline for the Design and Use of Asphalt Pavements for Colorado Roadways.
Colorado Asphalt Pavement Association, Englewood.

CEDEX (1992-2000)
Normas del Laboratorio de Transportes (NLT). Vol. II. Ensayos de Carreteras.
Ministerio de Fomento, Madrid.

COLLINS, H.J., HART, C.A. (1936)
Principles of Road Engineering.
Edward Arnold Publishers Ltd, London.

COST 325 (1997)
New Road Monitoring Equipment and Methods. Final Report of the Action.
European Commission, Luxembourg.

DE BEER, M., FISHER, C. (2002)
Tire Contact Stress Measurements with the Stress-In-Motion (SIM) Mk IV System for the Texas Transportation Institute (TTI). Contract Report CR-2002/82.
CSIR, Pretoria.

DE BEER, M., FISHER, C., JOOSTE, F.J. (1997)
Determination of pneumatic tyre/pavement interface contact stresses under moving loads and some effects on pavements with thin asphalt surfacing layers.
8th I. Conference on Asphalt Pavements. University of Washington, Seattle.

DEL VAL, M.A. (2007)
Los pavimentos en las carreteras españolas del siglo XX.
Revista de Obras Públicas **3482**, 7-24.

DUBS, H.H. (1957)
A roman city in ancient China.
Greece & Rome **4**, 139-148.

EAPA (2013)
Asphalt in Figures.
European Asphalt Pavement Association, Bruselas.

ELICES, M. (1998)
Mecánica de la Fractura.
Universidad Politécnica de Madrid, Madrid.

FENG-WANG, B.S. (2005)
Mechanistic-empirical study of effects of truck tire pressure on asphalt pavement performance.
Degree of Doctor of Philosophy, University of Texas at Austin.

FERNÁNDEZ DE MESA, T.M. (1755)
Tratado Legal y Político de Caminos Públicos y Possadas.
Ed. facsímil Librerías París-Valencia, 1994.

GARNICA, P., GÓMEZ, J.A., SESMA, J.A. (2002)
Mecánica de Materiales para Pavimentos.
Instituto Mexicano del Transporte, Sanfandila.

GILLETTE, H.P. (1906)
Economics of Road Construction.
The Engineering News Publishing Co, New York.

HERÓDOTO (450 A.C.)
Los Nueve libros de la Historia.
Elaleph, libro II, 124-138.

HUANG, Y.H. (1993)
Pavement Analysis and Design.
Prentice-Hall, Inc., Englewood Cliffs, New Jersey.

HUBBARD, P. (1910)
Dust Preventives and Road Binders.
John Wiley and Sons, New York.

HUMPHREY, J.W. (2006)
Ancient Technology.
Greenwood Publishing Group, London.

JEFATURA DEL ESTADO (2015)
Ley 37/2015, de 29 de Septiembre, de Carreteras.
BOE **234**, 88476-28532.

KENNEDY, T., HUBER, A., HARRIGAN, E.T., COMINSKY, R., HUGHES, S., VON QUINTUS, H., MOULTHROP, J. (1994)
Superior Performing Asphalt Pavements (Superpave): The product of the SHRP Asphalt research program. National Research Council, Washington DC.

KRAEMER, C., DEL VAL, M.A., PARDILLO, J.M., ROCCI, S., ROMANA, M.G., SÁNCHEZ, V. (2004)
Ingeniería de Carreteras. Mc Graw Hill. Madrid, Vol II pp. 231-431.

KUCERA, K. (1967)
Investigación sobre el dimensionado de firmes flexibles en Checoslovaquia.
Informes de la Construcción **20-192**, 65-74.

LAY, M.G., VANCE JR, J.E. (1992).
Ways of the World: A History of the World's Roads and of the Vehicles that Used them.
Rutgers University Press, New Brunswitck, New Jersey.

LEGER, A. (1875)
Les Travaux Publics, les Mines et la Métallurgie aux Temps des Romains: la Tradition Romaine Jusqu'à nos Jours.
J. Dejey, Paris.

LEKARP, F., RICHARDSON, I.R., DAWSON, A. (1997)
Influences on permanent deformation behavior of unbound granular materials.
Transportation Research Record **1547**, 68-75.

LOMA, J.L. (1996)
Curso sobre Diseño, Fabricación y Puesta en Obra de Mezclas Asfálticas. Métodos de Diseño de Mezclas Asfálticas en Caliente.
Centro de Investigación Elpidio Sánchez Marcos, Madrid.

McLEAN, D.B., MONISMITH, C.L. (1974)
Estimation of permanent deformation in asphalt concrete layers due to repeated traffic loading.
Transportation Research Record **510**, 14-30.

MINISTERIO DE FOMENTO (2003a)
Orden FOM/3459/2003, norma 6.3 IC: Rehabilitación de firmes.
BOE **297**, 44244-44274.

MINISTERIO DE FOMENTO (2003b)
Orden FOM/3460/2003, norma 6.1 IC. Secciones de Firme.
BOE **297**, 44274-44292.

MINISTERIO DE FOMENTO (2010)
Orden FOM/3317/2010, de 17 de diciembre, por la que se aprueba la Instrucción sobre las medidas específicas para la mejora de la eficiencia en la ejecución de las obras públicas de infraestructuras ferroviarias, carreteras y aeropuertos del Ministerio de Fomento.
BOE **311**, 106244-106256.

MORENO, I. (2006)
Vías romanas de Astorga. Vestigios inéditos.
III Congreso de Obras Públicas Romanas, Astorga.

MUENCH, S.T., MAHONEY, J.P., PIERCE, L.M. (2003)
WSDOT Pavement Guide.
Washington State Department of Transportation's Pavement, Olympia.

NAPA (2001)
HMA Pavement Mix Type Selection Guide.
National Asphalt Pavement Association (NAPA), Landham.

OLIVERA, L.H. (2006).
El Qhapag Ñan o Camino Principal Andino.
Consejo de Monumentos Nacionales, Lima.

PEUTZ, M.G.F., VAN KEMPEN, H.P.M., JONES, A. (1968)
Layered Systems under Normal Surface Loads. Record 228.
Highway Research, Washington DC.

POWELL, W.D., POTTER, J.R., MAYHEW, H., NUNN, M. (1984)
Design of Bituminous Roads. LR1132.
Transport Research Laboratory, Crowthorne.

RTAC (1977)
Pavement Management Guide.
Roads and Transportation Association of Canada, Ottawa.

ROBERTS, F.L., KANDHAL, P.S., BROWN, E.R., LEE, D.Y., KENNEDY, T.W. (1996)
Hot Mix Asphalt Materials, Mixture Design, and Construction.
National Asphalt Pavement Association Education Foundation, Lanham.

ROSE, A.C. (1935)
When All Roads Led to Rome.
Bureau of Public Roads, U.S. Department of Agriculture, Washington DC

SHELL (1978)
Shell Pavement Design Manual.
Shell International Petroleum Company Limited, London.

SHELL (1985)
Addendum to the Shell Pavement Design Manual.
Shell International Petroleum Company Limited, London.

SMILES, S. (1904)
Lives of the Engineers - Metcalfe-Telford.
John Murray, London.

TABOR, S. (1930)
Freezing and thawing of soils as factors in the destruction of road pavements.
Public Roads **11-6**. U.S. Department Agriculture, Bureau of Public Roads, Washington DC

TINO, R., GONZÁLEZ, B., MATOS, J.C.; TORIBIO, J. (2011)
Efecto de la sal sobre el comportamiento mecánico de mezclas bituminosas en caliente.
Anales Mecánica de Fractura **28**, 687-692.

URIOL, J.I. (1997)
Las Carreteras desde Isabel II a Nuestros Días. En Viaje por la Historia de Nuestros Caminos.
Grupo FCC, Madrid.

VELÁZQUEZ, J. (2013)
Problemas en torno al camino real aqueménida entre Susa y Persépolis: rutas y estaciones.
Revista de Historia Antigua **31**, 147-178.

WESTERGAARD, H.M. (1926)
Stresses in concrete pavements computed by theoretical analysis.
Public Roads: Journal of Highway Research **7**, 25-35, U.S. Department of Agriculture.

WESTERGAARD, H.M. (1927)
Theory of Concrete Pavement Design.
Highway Research Board, Part I, Washington DC

WHITE, T.D. (2002)
Contributions of Pavement Structural Layers to Rutting of HMA Pavements.
NCHRP 468. Transportation Research Board, Washington DC

Wu, H. (2001)
Parallel methods for static and dynamic simulation of flexible pavement systems.
Doctoral Dissertation, University of Washington.

Zammit, T. (1928).
Prehistoric cart-tracks in Malta.
Antiquity **2**, 18-25, Cambridge.

AUTOR: RUBÉN TINO RAMOS

SOBRE EL AUTOR

Rubén Tino Ramos (Zamora, 1974) es Doctor, Ingeniero Civil, Ingeniero de Materiales, Ingeniero Técnico de Obras Públicas en la especialidad de Construcciones Civiles, DEA en Geología y Técnico Superior de Prevención de Riesgos Laborales en las especialidades de Seguridad en el Trabajo, Ergonomía y psicosociología aplicada e Higiene industrial. Ha ejercido durante su dilatada vida profesional en diversos trabajos tanto del sector público como del privado. Actualmente es Jefe de Sección de la Demarcación de Carreteras de Castilla y León Occidental, perteneciente a la Dirección General de Carreteras del Ministerio de Fomento.

www.ingramcontent.com/pod-product-compliance
Lightning Source LLC
Chambersburg PA
CBHW061145180526
45170CB00002B/632